装备试验设计与文书编写

许建虹 编著

西安交通大学出版社
XI'AN JIAOTONG UNIVERSITY PRESS

图书在版编目(CIP)数据

装备试验设计与文书编写 / 许建虹编著.—西安：
西安交通大学出版社,2025.6.—ISBN 978-7-5693
-3962-8

Ⅰ.TJ06

中国国家版本馆 CIP 数据核字第 2025TG3977 号

书　　名	装备试验设计与文书编写	
	ZHUANGBEI SHIYAN SHEJI YU WENSHU BIANXIE	
编　　著	许建虹	
责任编辑	郭　剑	
责任校对	李逢国	
装帧设计	伍　胜	

出版发行　西安交通大学出版社
　　　　　（西安市兴庆南路1号　邮政编码710048）
网　　址　http://www.xjtupress.com
电　　话　(029)82668357　82667874(市场营销中心)
　　　　　(029)82668315(总编办)
传　　真　(029)82668280
印　　刷　西安五星印刷有限公司

开　　本　787mm×1092mm　1/16　印张　9.25　字数　146 千字
版次印次　2025 年 6 月第 1 版　　2025 年 6 月第 1 次印刷
书　　号　ISBN 978-7-5693-3962-8
定　　价　35.00 元

前　言

在军事装备现代化进程中,装备试验工作是连接研发与实战的关键桥梁,而试验设计与文书编写作为其核心环节,对试验质量与成败起着决定性作用。试验设计为试验搭建科学框架,确保其针对性与高效性;文书编写则完整记录试验过程与结果,是成果呈现、经验传承及决策依据。二者相辅相成,共同保障装备试验科学、规范地开展。

从理论视角看,装备试验设计与文书编写理论犹如作战中的战役战术理论,为技术指挥部门制定试验方案、实施试验鉴定提供科学指引,助力装备研发与应用高效推进。在专业教育领域,"装备试验设计与文书编写"是军事装备、控制科学与工程、管理科学与工程等专业及全军岗位任职班的核心课程,对培养适应军事装备需求的高素质专业人才意义重大。然而,该课程学习难度颇高,要求学习者具备扎实的数理统计学知识,以理解和运用试验设计方法;还需掌握文书编写规范,兼具文采与逻辑思维,清晰准确地表达试验内容。

本教材遵循"基本理论—方法技术—文书编写"逻辑编排。第 1 章绪论介绍试验设计概念、原则与方法,为后续学习筑牢基础;第 2 章、第 3 章聚焦常用试验设计方法,如正交设计、均匀设计等,结合案例帮助学习者掌握应用;第 4 章衔接试验设计,阐述装备作战六性分析与评估理论,让设计落地;第 5 章重点讲解各类装备试验文书编写规范与技巧,提升学习者实践应用能力。

本教材的编纂工作凝聚了团队成员的集体智慧与心血。在整体架构设计上,由周中良凭借其深厚的专业造诣与丰富的实践经验,精准把控总体框架。在具体内容的撰写方面,盛晟、陈士涛、方甲勇、宋志华、田文杰、李民浩等多位老师充分发挥各自的专业优势,以高度的责任感和严谨的治学态度精心雕琢每一个章节。在教材编写过程中，我们得到了专业领导及同事们的悉心指导与大力支持。同时，我们还广泛参考了众多专家学者的前沿研究成果和权威著作，汲取了其中的精华，使教材能够紧跟学科发展动态。

由于时间和经验等方面的限制，教材中难免存在一些不足之处。我们真诚地希望广大读者能够不吝赐教，提出宝贵的批评意见和建议。

编者

2025 年 3 月

目　录

第1章 绪 论

1.1 装备试验设计

在开展任何一种装备试验时,必须依据试验的目的和要求,运用科学合理的方法来获取准确可靠的试验数据。通过对这些试验数据的深入分析和处理,可以全面评估被试系统的战技性能、作战适用性和作战效能(包括体系贡献率)。无论是科研试验、定型试验,还是作战试验,试验实施的首要步骤是将试验方法转化为有效的试验方案,进行科学的试验设计。这是装备试验的关键环节,需要综合考虑被试装备的特点、试验资源的合理使用、评估结论的置信水平等多方面因素。

1.1.1 基本概念

装备试验设计就是根据试验目的和要求,在确定的试验模式、类型及试验工程方法所构成的基本框架之下,运用数理统计学原理和方法,研究如何合理选取试验样本,精准控制试验中各种因素及其水平的变化,进而制定出优化且可行的试验方案的过程。装备试验设计的目的是用尽可能少的试验次数获取足够的、有效的、用于可靠推断试验结论的数据资料。试验设计把试验方法变成有效的试验方案,是试验方法的工程化。开展装备试验设计,必须熟悉装备试验方法。应从被试系统的战技性能、作战适用性和作战效能(包括体系贡献率)指标的评估需求出发,在近似实战的使用环境条件下,科学确定试验任务和项目。同时,要选择并控制影响试验的各种因素及其水平,合理选取试验样本,获取足够的数据资料以推断被试系统的总体性能。此外,还需对试验实施保障方案,尤其是对数据收集和测量保障方案提出明确要求。

装备试验设计的关键问题是试验方案优化。一个好的试验方案,既要满足对被试系统战技性能、作战适用性和作战效能(包括体系贡献率)指标的考核要求,还要考虑试验时间、试验经费、试验设施、试验装备等实际条件,设法以较少的试验资源获取最大数量的有用数据资料。试验方案寻优是一个复杂的探索过程,需要把大量的定量和定性的信息与试验方法、战术战法、装备运用和数理统计等知识联系起来,综合分析,反复比较。

如果把装备试验看作一个信息生产过程,如图 1-1 所示,这个过程由试验装备、试验方法和试验人员组成,通过操作使用被试系统或体系(包括配试装备)产生被试系统评估鉴定所需的信息资料。信息资料是通过试验装备可测量获取或通过试验人员可采集的、与被试系统密切相关的数据,可称为响应参数,如火炮射击试验的落点偏差(面目标或集群目标)、射程、命中目标次数(点目标)等。试验中,一些过程参数 $(x_1, x_2, \cdots, x_p)$ 是可控的,如火炮射击角度、射击速度、弹药种类等,而另一些过程参数 $(z_1, z_2, \cdots, z_p)$ 是不可控的,如试验环境温度、湿度、风速、作战对象干扰和对抗因素,以及测量测试设备的随机误差等。装备试验本质上是一个有限的探索过程,把被试系统放在一定试验条件(过程参数)下使用,产生评估所需信息资料,这是基于抽样试验进行统计推断的活动。试验条件中的过程参数及其取值越多,试验越充分,结论就越可信,试验时间也就越长,试验消耗越大:从 $(x_1, x_2, \cdots, x_p)$ 和 $(z_1, z_2, \cdots, z_p)$ 中选取哪些参数,这些参数取什么值,显然是权衡折中的问题,这些问题只能通过试验设计来解决,在达成试验目标、满足试验要求的前提下,尽量用较少的、典型性的试验条件进行试验。

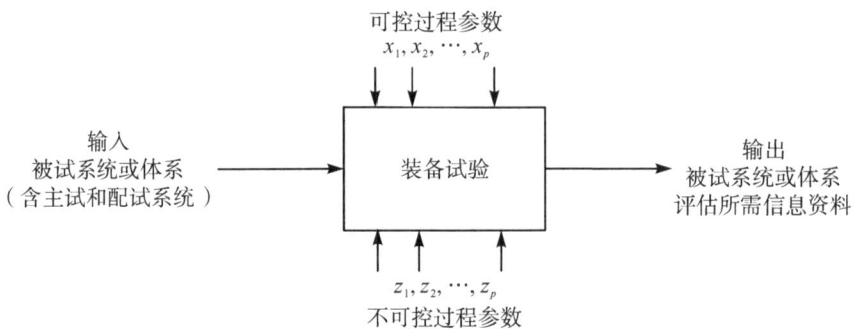

图 1-1 装备试验信息生产过程

装备试验设计的目的包括以下几个方面。

（1）确定哪些因素对被试系统战技性能、作战适用性和作战效能（包括体系贡献率）指标（响应）影响最大，即指标与因素的灵敏度分析。

（2）分析确定考核指标影响因素的取值水平，主要有三类：使被试系统战技性能、作战适用性和作战效能（包括体系贡献率）指标（响应）发挥到最好程度的因素水平（即武器装备的最佳使用条件）；使评估指标（响应）的分散度（或方差）尽可能减小的因素水平（即武器装备的稳定使用条件）；使不可控参数（噪声参数）对评估指标（或者响应变量）的影响尽可能减小的因素水平。

（3）确定试验状态条件、试验样本、试验资源等。广义的装备试验设计是装备试验的一般程序知识，包括从试验任务分析提出、试验剖面设计、试验因素及其水平选择与组合（形成试验方案），到装备试验结果分析、试验报告撰写等一系列内容。它给试验人员展示如何进行装备试验的概貌，解决装备战技性能、作战效能、作战适用性试验评定问题的全过程。显然，此处的装备试验设计并不只是统计学意义上的试验设计，而是从工作层面进行拓展，包含多方面的内容。当然，试验设计的核心部分还是选择与组合试验因素及其水平，形成试验方案的过程。

1.1.2 试验设计任务

试验设计的主要任务是规划安排好装备试验任务，制定一个可以实施的、能够获取足够准确数据的试验方案，同时，对试验实施保障提出具体要求。广义的装备试验设计主要包括以下五项任务：试验任务设计、战情与试验剖面设计、试验变量及其水平的选取、试验变量及其水平组合以及试验方案分析优化。以下主要介绍前四项任务。

1. 试验任务设计

试验任务设计就是根据装备试验的总要求和实际可能的限制条件，从众多的项目中挑选出若干试验项目进行试验，并利用这些项目的试验结果，来推断被试系统的战技性能、作战适用性和作战效能（包括体系贡献率）。实质上，试验任务设计最终确定试验项目这一过程，就如同在统计推断总体中抽取试验样本需要具备严谨性和科学性。确定试验任务的主要依据是被试系统的"试验与鉴定总计划"或"试验任务总要求"，国家、军队制定的装备试验法规、标准，试验与鉴定主管部门下达的"年度试验任务计划"等文件，以及被试系统的"研制总要求"或"研制任务书"等技术文件和资料。

"试验与鉴定总计划"或"试验任务总要求"和国家、军队制定的有关法规标准,对装备研制过程中不同阶段试验与鉴定的性质、目的和工作任务做出了一般性的总体安排;被试系统"研制总要求"和"研制任务书"对被试系统的使命任务、作战范围、战技性能指标和作战使用要求做出明确的规定,给出了试验评估的需求;"年度试验任务计划"则推动装备试验与鉴定工作正式进入实施阶段,并提出了具体的任务要求。上述所有文件对装备试验提出了基本的需求与规范,为确定试验任务和试验项目提供了基本的依据。试验设计人员要根据这些文件提出的试验总任务和总要求,来确定具体的试验任务和试验项目,并制定被试系统的"试验大纲"和"试验实施方案"。

此外,试验资源和技术条件也是制约确定试验任务的因素。在进行试验任务设计时,我们既要考虑对武器装备进行评估鉴定的实际需求,也要考虑完成试验任务的可能性。某些试验条件不具备、技术水平或试验设备设施达不到试验要求,以及资金保障有严重困难,都会影响试验任务的实施。所以,在确定试验任务时,必须对试验任务的范围进行筛选。

试验任务是根据被试系统试验与鉴定的目的来确定的。明确试验与鉴定的目的是设计试验任务的基础。不同性质的各类试验有着不同的试验与鉴定目的。

对设计定型试验而言,试验与鉴定的目的主要是在实际作战的条件下,对被试系统的战技性能和作战使用性能进行试验和评价,进而得出被试系统是否满足"研制总要求"和"研制任务书"所规定的指标要求的结论。这一结论不仅能为装备定型和装备列装部队使用提供决策依据,还能针对系统改进和部队作战使用提出建议和意见。这是设计定型试验的目的,也是设计定型试验与鉴定的总任务。试验设计人员要对试验目的和总的试验任务进行分析,形成试验任务和试验保障两个方面的基本构想,并提出试验的大致范围。然后,结合对被试系统战技性能和作战使用性能指标进行鉴定的实际需求,对试验任务进行分解,最终形成试验子任务和试验项目清单。对装备作战试验而言,试验与鉴定的目的主要是在近实战环境下,对被试系统的作战适用性、作战效能(包括系统纳入装备体系后的贡献率)评估,得出系统是否满足作战需求,是否存在作战使用风险,回答有关系统的关键作战问题,为装备采办决策和部队战术战法研究提供数据资料支持,这也是作战试验与鉴定的总任务。试验设计人员从试验需要回答的关键作战问题出发,逐层分析(见图 1-2),确定试验需要评估的装备作战适用性和作战效能及评估需要采集的数据元,把相关数据元的采集活动构成试验项目。

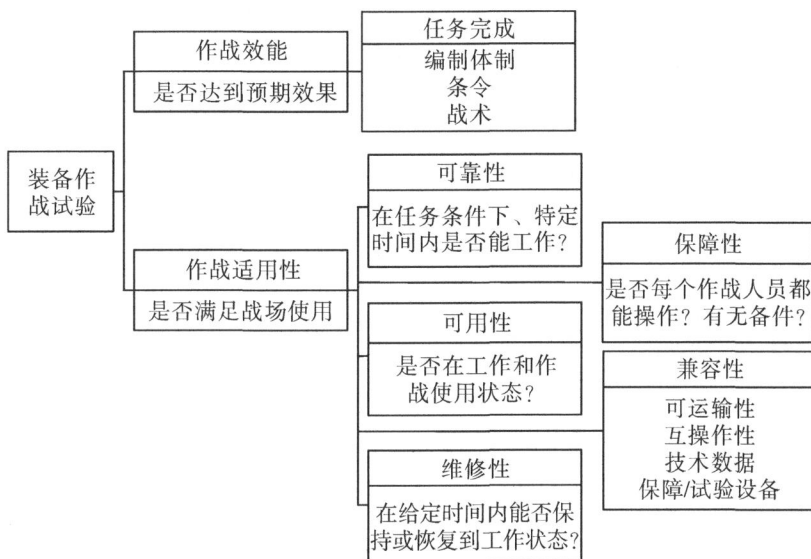

图 1-2 关键作战问题分解

武器装备所要担负的作战任务决定装备试验的任务,也就是要像作战一样试验,这是装备试验的基本原则和要求。在确定详细试验任务时,必须根据被试系统的作战任务要求,对被试系统的各战技性能和作战使用性能指标进行详细分析。首先,要明确被试系统的性能指标,并将这些性能指标一一列出来,如火炮的性能指标包括射程、发射速率、射击精度、机动性、抗干扰能力、生存性、安全性、可靠性、耐久性、维修性、可用性、电磁兼容性等。需要明确的是系统的这些性能是由其各个组成部分的性能共同保证的,包括侦察预警系统、火控系统、火力系统及后勤支援系统等。侦察预警系统的侦察雷达和跟踪雷达的性能包括对目标的发现和跟踪距离、距离和角度分辨力、抗干扰能力、生存性、搜索和跟踪范围、扫描速度和加速度,以及测定目标坐标的精度、机动性、可靠性、耐久性、维修性、可用性、电磁兼容性等。因此,必须对被试系统的作战效能、系统效能、单项效能和技术性能指标体系进行深入的了解和分析。其次,根据试验的目的和总的试验任务要求,确定在试验中哪些性能和效能指标是要重点考核的,哪些性能和效能指标是可以不作为重点考核的,并按照重要程度进行有序排列。最后,分析要对装备的这些指标进行考核和鉴定时,需要进行哪些系统试验和单项试验,即确定试验的子任务和详细试验项目,并列出所有需要进行试验任务和试验项目的一览表。

以雷达和红外组合探测系统为例,其试验任务可分为测量雷达试验、红外系统试验和组合系统试验三个子任务,每个子任务又包括若干试验项目。

(1)测量雷达试验。

①确定雷达在无电子对抗时处于地物干扰下的探测距离和角度分辨力;

②确定雷达在无电子对抗时在地物干扰条件下的探测方位、仰角和距离精度;

③确定雷达在电子对抗条件下的探测方位、仰角和距离精度等。

(2)红外系统试验。

①确定红外系统模糊圈的大小;

②确定红外系统望远镜视野范围;

③确定红外系统的方位角、仰角分辨能力;

④确定红外系统在晴天的探测范围和探测精度;

⑤确定红外系统对海面目标和空中目标的探测范围和探测精度;

⑥确定红外系统的反应时间;

⑦确定红外系统在红外干扰条件下的探测范围和探测精度;

⑧确定红外系统受烟雾影响导致的探测性能下降程度;

⑨确定己方火炮射击时对红外状态的操作和性能的影响;

⑩确定红外系统电磁干扰灵敏度等。

(3)组合系统试验。

①确定组合系统的探测范围;

②确定组合系统的探测定位精度;

③确定组合系统的反应时间;

④确定组合系统的工作可靠性、维修性等。

综上所述,组合探测系统试验要包括17项试验项目。而对于作战飞机、舰艇试验等更为复杂的武器系统,因其由动力、侦察探测、火力、指控等众多子系统组成,所以必须开展全系统、全要素的综合性试验。如此一来,其试验任务和试验项目数量会大幅增加。在制定试验方案时,为确保不超出试验资源和时间的限制,需要对这些试验项目进行合理筛选。

在不受技术条件、试验资源(包括经费、设备设施、被试系统样件、弹药等)和时间限制的情况下,为满足考核被试系统的战技性能、作战适用性、作战效能(包括体系贡献率)需求而设计提出的试验任务和试验项目,被称为候选任务和项目。针对这些候选任务和项目,可以依据试验任务的重要程度,依次排列出它们的优先顺序。实际上,试验任务必须限制在一定的范围之内,因为实际技术条件、试验资源和时间等制约因素是客观存在的,必须在原来候选范围内再进行筛选,确定合适的试验项目,如图1-3所示。优选试验项目的方法:一是按照试验任务重要性的优先顺序进行筛选,保留优先度高的试验项目;二是剔除优先度低且试验消耗大的试验项目。通过以上两种方法可以有效削减试验任务的范围。在此基础上,通过折中选择,确定哪些项目必须保留,哪些项目希望保留,哪些项目可以删去。经过试验设计人员与试验计划人员反复研究和协商,并经主管领导审定,最终确定详细试验项目。

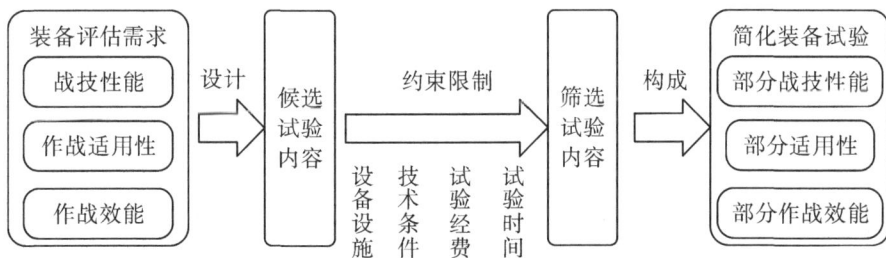

图1-3 试验项目的筛选

试验任务设计是试验设计的一个重要环节,在设计或确定试验任务的过程中,切忌不分主次地选择试验任务,平均分配试验资源。这样,难以使每项试验任务都获取足够的试验样本量,从而也就不可能取得好的试验效果。因此,在试验任务设计时,要统筹考虑试验的目的和试验总任务需求,以及技术条件、试验资源、试验时间的限制,突出重点,裁减重要性较低或试验条件不太具备或试验消耗大的试验项目,重点保证优先度高的试验项目的实施,确保获取足够有效的试验数据,提高试验结果的可信度,节约试验资源,取得良好的试验效果。

2. 战情与试验剖面设计

从装备试验角度来看,战情设计的目的在于抽取包括目标性能参数、武器装备性能参数、作战使用范围参数、敌我双方对抗运动参数、环境和气象参数等试验变量。同时，战情设计也是开展试验剖面设计的依据（试验剖面是对战情描述的作战剖面进行的简化和工程化处理）。然而，受各种条件的限制，不可能对所有作战使用范围内的参数和外界条件参数都搭配起来试验。因此，只能从试验战情中抽取选择部分变量及其变化水平来进行试验。所谓战情设计，是按事件发展和时间顺序，对作战环境和作战局势的设想，包括交战双方的基本态势、作战企图和作战发展情况，目的是保证像作战一样试验。在设计的战情中，要详细说明局中人的使命和目标，勾画出冲突发生的地理场所，说明冲突发生的原因，可能投入的军事力量和后勤保障，初始战斗水平，局势发展的时间序列等。另外，要详尽描述对抗局势的一般情势信息和专门情势信息。一般情势信息通常包括每一方部队（包括人员和武器装备）的配置，导致交战行动的背景事件，冲突场所和发生时间方面的细节。专门情势信息包括某个指挥员所指挥的部队及其位置，卷入冲突的准确时间，冲突发生时所处的环境，与敌人部队发生冲突以及情报活动的情况。

战情描述了作战实体活动，反映被试系统在实战环境中的使用状况，是装备试验，尤其是定型试验和作战试验设计中不可缺少的关键环节。试验总体人员应该设计一套清楚详细的战情。其中，军事常识、作战条令和军事历史知识是设计战情的基础。而设计战情的依据主要是试验目的，上级首长机关有关被试系统试验的指示，预想交战各方的编制装备、作战原则和战术特点，装备操作保障人员的实际情况，试验场区环境条件等。

战情的核心内容主要有敌方情况、我方情况和外界条件。

（1）敌方情况。

①敌方威胁目标的类型（如飞机、导弹、舰艇等）、数量和性能；

②敌方火力攻击和电子对抗装置的类型、数量和性能；

③敌方侦察设备的性能；

④敌方行动的战术特征，如速度、高度、航向、机动性、编队间隔、队形等。

（2）我方情况。

①我方武器平台、武器装备及配套设备的类型、数量和性能；

②我方锁察设备、伪装器材、通信和指挥系统的性能；

③我方火力对抗和电子对抗装置的类型、数量和性能；

④我方所提出的战斗任务、作战方式、战术行动及后勤支援特征等。

（3）外界条件。

①时间，如季节和昼、夜、昏、晨等；

②气象条件，如阴、晴、雨、雪、温度、湿度、风力、风向、能见度、海况等；

③地形、地域、空域、海域条件等。

　　装备在作战使用时，一方面可能承担多种作战任务，或者作战行动样式有多种，另一方面在遂行具体的作战任务时，会经历许多的作战事件、活动和过程，这些共同构成一个完整的作战剖面。装备在真实战场上遇到的威胁，将会随机地分布在所有的作战任务中，同时也分布在具体任务的作战剖面中。装备试验本质上是一种装备作战模拟活动。因此，试验剖面是对作战剖面的简化和抽象，是一种作战模型。该模型应当覆盖装备作战的主要行动样式或主要任务，确保每种作战任务都能对应一个完整任务剖面，并且尽可能覆盖完整的任务过程，也就是设计的试验剖面要具有完备性。以自行高炮的生存性考核为例，在试验任务剖面设计时，作战任务包括要地防空和野战防空，其中野战防空包括伴随防空和要点防空等样式，具体作战任务剖面要包含机动、部署、展开、搜索、射击、评估、撤收等过程。相应地，试验任务剖面也要包含对这些过程的设计。

3. 试验变量及其水平的选取

　　基于对被试系统涉及的作战问题的分析，把预计可能对被试系统性能和试验结果产生影响的各种因素（试验变量）列表，进行分类，并确定其取值水平，这是试验设计的一项核心任务，也是通常狭义层面所定义的试验设计任务。

　　1）试验变量分类与选取

　　在装备试验中涉及的各种变量称为试验变量。这些试验变量都应当处于被试系统的作战使用范围之内，即必须具有战术意义。然而，这些试验变量列举出来可能数量很大。在开展每个试验项目时，只能对其中某些变量进行观察，而对其他的变量，则用某些方法予以控制。例如，在导弹发射试验中，试验变量就可能包括发射平台，导弹数量，勤务人员，靶标尺寸、形状和结构，发射时间，发射时与目标的相对位置，目标运动要素，武器装载平台的运动要素及气象条件等；在两型导弹进行比较试验时，导弹型号本身也是一个变量。通常,试验设计考虑的变量越多,那么试验就越充分,试验结论就越可信和可靠。然而,限于时间、经费和技术,很难对所有变量都一一进行研究。总之,那些与被试系统战术使用相关的试验变量是客观存在的,我们可以对它们进行控制,但不能随意创造或抛弃。在试验中,需要依据某些原则对这些变量进行选择,有些变量可能会因为试验范围的限制而被排除在外。

按照变量在试验中的作用,可以分为响应变量和条件变量两大类。条件变量又称为试验因素(也称因素),其根据试验设计中的处理方法不同,还可细分为多个子类,如图 1-4 所示。响应变量和条件变量的区分也不是绝对的,有的在不同试验中的作用不同,例如火炮射击试验时,弹丸与靶中心的距离(即脱靶量)既是度量射击结果的响应变量,也是影响射击命中概率等战技性能指标的条件变量。

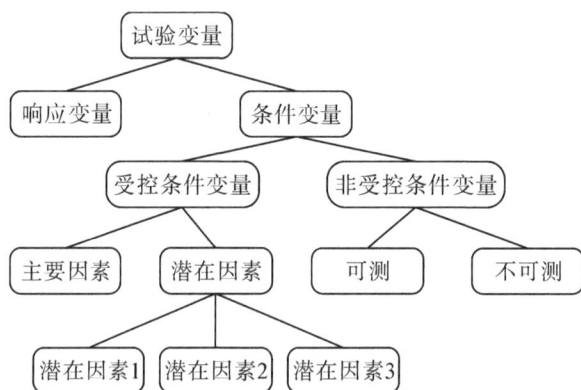

图 1-4 装备试验变量的分类

(1)响应变量。响应变量(也称因变量或结果变量)是量度试验结果的变量,据此可对被试系统作战使用要求中提出的战技性能、作战效能和作战适用性指标做出判断和评估。响应变量既可能是考核指标本身,也可能是考核指标的导出变量。在试验中,需要研究的响应变量在系统研制时军方及研制部门已做了明确规定,只是根据试验的具体目的和要求,选择需要观察的几种可供选择的变量。例如,雷达试验中的目标探测距离(最大和最小)、距离和方位分辨率、跟踪精度、反应时间、平均故障间隔时间、平均故障修复时间等,导弹飞行试验中的导弹飞行弹道、脱靶量、命中概率等,都是响应变量。

响应变量是试验人员极其关注的,因为要对这些变量进行统计推断,得出是否满足研制总要求中规定的战术技术指标,以及在实战条件下能否发挥预

期的作战效能和作战适用性的结论。所以试验设计人员要从量度试验结果的
响应变量出发,严格控制对试验结果产生影响的条件变量及其水平,确定有效
的数据收集方案,获取尽可能多的数据资料,保证统计推断的精确度和可
靠性。

(2)条件变量。条件变量是影响试验结果的变量,是试验中考察的因素。
它们对试验结果的影响程度不同,有些可作自由变动,但不会对试验结果有太
大的影响,如舰艇航向改变对武器系统精度的影响不太明显,而有些变量,如
能见度就会对光学仪器的探测距离产生很大影响。在试验设计中,如果条件
变量对试验结果的影响未知时,对其处理有两种方法:一种是多重水平试验,
即对某一变量的不同情况或取其不同数值进行多次试验;另一种是灵敏度分
析,通过数学手段,研究变量取值的改变对试验结果产生的影响,重点考虑对
试验结果产生较大影响的变量取值,而忽略对试验结果影响小的变量取值。
条件变量可分为受控条件变量和非受控条件变量。

①受控条件变量。受控条件变量是在装备试验中希望得到控制的条件变
量。受控条件变量分为两种情况:一种是把正在试验、研究、比较的对象区别
开来,使试验结果有某种比较意义,这些变量在试验中有必要进行控制,称为
受控变量的主要因素;另一种条件变量也需受到控制,但是为了在可能给出推
断总体的情况下扩展试验结果,这种变量称为受控变量的潜在因素。

主要因素是为了对试验结果(响应变量)所产生的影响进行比较的因素,
因为其不同取值水平对试验结果的影响是有差异的,试验人员主要关心它们
对试验结果产生影响或差异的重要性。比如,不同海区或不同深度条件对鱼
雷试验结果(命中率的估计)可能会有较大影响或差异。试验人员为了弄清被
试鱼雷在其一种条件下使用是否比在另一种条件下使用更为有效,此时海区
或深度就是主要因素。

在装备试验中,把一个试验变量作为主要因素,意味着它是能够被有效控
制的。并且,被试装备在作战使用时,其使用方式等相关要素同样具备可控制
性。然而,某一变量在战术意义上可控,并不意味着在一次试验中就一定被选
择为主要因素。它只是可能被选为主要因素。由于受经费和技术限制,很难
把所有可能作为主要因素的变量都进行详细研究。通常情况下,只是对少数
具有比较意义的变量作为主要因素来研究。

除了主要因素的条件变量外,其他受控条件变量均为潜在因素。这些变量不直接进行任何比较(用于非比较试验),或者在调整推断总体时可以保持在某种水平上(固定取值),或者可能不被考虑控制在推断总体中,或者由于时间、经费和技术限制不对它们进行详细研究。但是它们对试验结果都有着潜在影响,试验人员需要了解它们在战术意义上对试验结果有多大影响,并且予以控制。通常控制方式有三种:保持恒定条件、性能区组化组合和变量水平的随机化。

②非受控条件变量。这些变量是随着正在实施的试验而改变的潜在因素,这是任何试验计划所不能控制的,如周围温度、湿度、电源电压、电流及频率、飞机在飞行中的扰动、机械磨损等。这些变量有的可以被测量或记录下来,以便在对试验结果有某种怀疑的情况下,研究这些数据,可望找到合适的答案。另一些非受控潜在因素在试验中不可能被测量,因为试验设计人员考虑不到或者更主要的是不知道这些变量正在变化(如电器连接的时断时续),或者估计不到这种变化对试验结果会有什么影响,但是这种变化至少表明试验中的条件不是一成不变的。对这种不便控制或不倾向控制的变量,在试验过程中要尽可能地进行观察和记录,以便在试验结果分析时参考。这种观察称为伴随观察。

以上对试验中所涉及的变量进行了归纳和分类,以便试验人员在试验设计中根据他们对具体试验项目的试验目的、任务要求的理解和有关的作战经验,在建立试验模型和制定试验方案时,对这些变量进行恰当的处理。试验设计人员的工作主要集中于对条件变量的控制。在确定试验中的各种变量以后,还必须进一步对任何给定的变量中的不同水平进行试验,并确定都是哪些水平。

2)条件变量水平选取

在装备试验中,针对受控条件变量而言,其水平是可以选择的。某些条件变量所处的态势不稳定,可能会发生变化,但这种变化是可控的。这种可控的变化就定义为该变量的水平。实际上,变量水平可能定义在某一尺度上,如舰艇的航速为 10 kn、20 kn 和 25 kn 等。另一些变量的水平就不一定能定义在某一尺度上。例如,电子干扰试验中,积极干扰或消极干扰就是干扰方式变量的水平。这些变量特性的变化都具有战术上的意义,试验人员必须确定试验中变量水平的范围,并从该范围内挑选出特定的水平展开试验。实际上,对这两个问题的解决不能随意为之。由于受到各种条件的限制,需要控制试验水平的数量,并确保在这些水平上获得有效试验数据。此外,试验目的在很大程度上就限定了所研究的水平范围。

对某一战术变量的范围,在装备"研制总要求"等文件中都有所规定。如果要求在被试装备的最大作战范围内鉴定其所有性能,那么就要进行最大限度的试验,这是一个基本原则。然而,在装备试验中,通常只需检验最常用的几组战术条件下的性能,因为扩大某一战术变量的范围都将增大统计推断总体,所以,在中等条件下(范围选择适中),以适当的可信度对相应的总体性能作出推断,才是装备试验与鉴定中的最佳选择。

关于某些范围有限的试验,还要选择变量的特殊水平。为了便于分析,要求给出数值变量水平之间的间隔。例如舰艇航速可以选择 10 kn、20 kn、30 kn,水平之间的间隔为 10 kn。有时变量水平之间不一定是等间隔的,根据情况,舰艇航速变量水平可能选择 10 kn、18 kn 和 24 kn。再如,某种地(舰)空导弹射击空域在高度上的范围是 5～30000 m,我们可能选择高空(15 km)、中空(6 km)、低空(1 km)和超低空(10 m)四种水平来进行试验。

在某些水平上的试验可能要花费大量的经费,或者试验保障有较大的困难,那么,在试验设计时可能要避开它们或者通过其他试验方法解决,如实装试验困难,可以试图采用仿真方法。例如,地(舰)空导弹对在远距离、30 km 的高度上的目标进行拦截试验,测量脱靶量就可能有很大的困难。因此,可以避开 30 km 这个水平,而选择 15 km 或 20 km 的水平。对于变量水平的选择,一开始可能是试探性的,随着试验设计人员对于系统战术范围的了解和经验的积累,就能够较好地制定出包括某一变量所有水平和特殊选择的水平之间的折中方案。表 1-1 是精确制导武器打击固定地面目标作战试验,为了考核脱靶距离而选择的试验变量及其水平数。

表 1-1 考核脱靶距离的试验变量及其水平数

试验变量	变量水平
地形	4 级
标靶定位	4 级
对比度	连续
太阳高度角	4 级
防御	伪装,红外线反制措施,GPS 干扰

在试验设计中,单变量(因素)的问题是比较简单的,然而,在装备试验中通常都是多变量(因素)、多水平的情况。在这种情况下试验设计是非常复杂的,试验人员必须掌握处理这些问题的方法,实现变量与水平之间合理的随机搭配,既要保证良好的试验效果,又要尽可能地减少试验次数。

4.试验变量及其水平组合

构造试验变量水平组合,目的在于确定哪些变量水平搭配在一起进行试验才是合理的,而且在试验中必须要设置相应的状态条件。例如,假设被试系统发现目标的能力可能受三种训练水平(未经过训练的、训练水平中等的和高度熟练的)、三种气象条件(晴天、阴天、降雨)和两种地形条件(平地、山地)的影响。那么,就需要考虑18种($3 \times 3 \times 2$)可能的水平组合,并列出表格,把影响和制约系统性能的各种因素的可能组合方式排列出来。通常有规则变化的可控变量构成这个表格的基本内容。

考虑试验变量水平组合是为了在满足统计推断需要的前提下,选取最低限度的试验水平组合数。这样既能确保试验结果符合要求,又能使试验在经费、时间及其他试验资源等方面切实可行。需要注意的是,不要把相互矛盾的水平组合在一起(如用实弹打真目标),不要采用不真实或者没有战术意义的水平组合(如密集火力条件下实施坦克密集冲击)。每一个水平组合就是一个试验项目,每一个试验项目可以重复试验,重复次数通常按照评估鉴定计划规定的统计标准确定。而所需的被试事件数量是根据指定的统计参量和正式计算的子样数目通过定量计算决定的。为得出具体试验事件的重复试验结果之间偶然差异的平均值,应该确定某个试验变量水平组合的重复试验次数。从本质上说,它是为了确定需要重复试验多少次才能从总的试验中得到所要求的置信水平值。

1.1.3 试验设计原则

装备试验设计实质上解决的是试验成本与效益权衡折中的问题。一方面,需要满足装备性能可信评价的数据资料需求;另一方面,又要要求试验消耗尽可能少。因此,试验设计需要遵循以下原则。

(1)全面性原则。在规划试验任务、正式形成方案之前,要着眼通过装备试验,考核被试系统的全部战技性能、作战效能(包括体系贡献率)和作战适应性指标,尽量不要少项或缺少内容;在分析试验变量时,对每一个考核指标可能有影响的每一个因素,应作为候选变量,先全部列举出来,不要遗漏;在确定变量水平数时,应该在装备作战范围内研究变量,在考核指标敏感区间,尽量多取水平。

(2)科学性原则。根据被试系统的作战使用特点,按照被试系统的作战使用要求,确定科学合理的试验内容和试验项目。试验变量及其水平的选取也必须具有战术意义,不能出现战场上不可能出现或超出被试系统作战能力的情况。比如,某型防空火炮的使命任务一般是对目标高度 3000 m 以下、斜距 4000 m 以内的低速目标射击,因此,在考核武器的射击效能时,目标高度和斜距两个变量的水平都应在战术限定范围内,目标高度大于 3000 m、斜距超过 4000 m 对该型武器试验都是无效水平。

(3)针对性原则。在兼顾试验充分性和经济性的基础上,针对具体的试验任务和项目,结合被试系统的其他试验情况(如科研试验、定型试验等),重点考核被试系统在作战使用中可能出现的缺陷、关键性能指标,以及在前一阶段试验中发现的问题(检查发现的问题是否已经得到解决)。要充分考虑试验信息资料的继承应用,通过加强试验内容和试验项目的针对性,尽量用最少的试验次数,获取足够的鉴定信息资料,从而提高试验效益,减少试验消耗。

(4)可操作性原则。在对试验项目、试验变量及其水平全面分析的基础上,要根据具备的试验条件和能力水平,对试验内容和项目进行合理筛选与合并。同时应根据变量对考核指标的影响程度进行区分:影响大的变量作为试验条件,影响小的变量可以固定水平或舍弃。此外,每个试验变量的水平数应该控制在 3~5 个。通过适当删减,可提高试验的可操作性。

1.1.4 试验设计方法

要使装备试验最有效地实施,就必须用科学的方法来设计试验。因为装备试验受到观测人员、仪器、环境等各种不定因素的影响,试验中所获得的数据资料,以及经过处理而得到的试验结果,都存在或大或小的误差。所以,不管是科研试验、定型试验,还是作战试验,基本上都遵循统计学原理,采用统计试验和统计分析的方法进行试验设计。当试验结果受到试验随机误差的影响时,统计方法才是最客观、最科学的分析设计方法。

1. 基本原理

试验设计是一个设计统计试验的过程，旨在确保试验实施过程中收集到的数据满足统计分析的需求，从而得出客观、有效的试验评定结论。试验设计遵循的基本原理是统计学上的重复、随机化和区组化原理。

1）重复

重复试验是试验人员了解所测定参数测试精度的唯一途径。在化学分析中，重复试验可能意味着从几批材料中抽取若干样品来反复测定某种化学元素的含量，并对每一抽样进行相同的化学试验，甚至对同一样品进行多次试验。在装备试验中，试验常常属于各种因素作用下的动态过程，难以将其固定下来进行重复测量。这时重复试验的意义在于在一组确定的条件下重复进行某种试验。如果要求飞机按照规定航路多次反复地做等速、直线飞行，以测定雷达跟踪测量目标坐标的精度，那么这就是重复试验。

重复试验有两条重要的性质：一是允许试验者得到试验误差的一个估计值；二是如果样本均值作为试验中某个参数的估计量，则重复试验可使试验者得到此参数更精确的估计值。例如，样本数据的方差为 σ^2，试验重复 n 次，则样本均值的方差 σ_y^2 为

$$\sigma_y^2 = \frac{\sigma^2}{n}$$

即样本均值的方差比样本数据的方差缩小到 $\frac{1}{n}$，如果 n 合理性大，试验误差就足够小，所获得的样本均值就更为精确。

2）随机化

随机化是试验设计使用统计方法的基石。所谓随机化，是指影响试验结果的各种因素及其水平的搭配组合，以及各个试验进行的次序，都采用随机的方式予以确定。经典的统计方法要求试验观察值或测量误差是独立、同分布的随机变量，而只有通过随机化处理才能保证这一要求。对试验进行适当的随机化安排，能够使某些已确定的或具有潜在效应的各种因素对试验结果产生随机的作用。这样就有助于"平均出"可能出现的各种因素的效应，避免让人觉得试验是"对着靶心射击"那样刻意安排的。

3）区组化

区组化是用来提高试验精确度的一种方法。区组化就是把所研究的试验变量按其对试验结果的影响分成若干区组。一个区组就是试验变量的一个部分，相比试验变量的全体，它们本身的性能或对试验结果的影响应该更为类似。区组化涉及在每个区组内对感兴趣的试验条件进行比较。

2. 主要技术与方法

装备试验是对被试系统在近实战条件下的战技性能、作战效能、作战适用性以及体系贡献率有关问题的试验与评估活动。其目的是确定系统是否存在缺陷，以及明确系统满足作战用户需求的程度，从而为系统是否进入采办的下一阶段、是否部署使用该系统提供决策依据。这些问题有的是作战问题，需要通过作战试验发现和回答；有的是技术问题，需要通过方案试验或定型试验发现和回答。总之，在装备全寿命过程的每一个里程碑决策点，都要对这些问题予以回答。因此，在确定试验内容和项目前，首先需要明确关键作战问题。关键作战问题通常主要针对装备作战效能、作战适用性或关键战技性能属性，通过分析装备的作战使命任务确定，并采用回答问题的方式表述，如"能否在战场上对系统实施保障""X型战机是否具有空中优势"等。

确定关键作战问题后，就可以确定试验的目标，明确武器装备应达到的能力，并测试其能否达到作战要求。试验目标的考核可归结为装备作战效能评估问题，因此需要建立效能指标（MOE）体系。而效能指标又可通过更具体的性能指标（MOP）体系来体现。这个过程通常采用树状分析技术。树状分析技术起源于还原论，是一种主张把整体分解研究的方法论。在研究复杂系统时，通常不能一次考虑到所有细节，而是利用分解、分析和还原的方法，把系统从环境中分离出来，并孤立起来研究。具体而言，就是将系统逐步分解，从高层次还原到低层次，用部分说明整体，用局部说明全局，用低层次说明高层次。这种方法是从较抽象的层次逐渐过渡到具体的细节问题，并通过树状结构来表达复杂对象的多种属性和状态。

采用树状分析技术，可以将关键作战问题分解到能够确定实际数据需求和试验测量的具体内容。从高层次到低层次分别为作战问题、试验目标、效能指标、性能指标和所需数据元，这种结构分解能够描述整个被试系统的性质和行为，如图1-5所示。试验目标用于清楚地表示与关键作战问题相关的试验与鉴定的各方面和总目的;效能指标作为目标的一个子集,旨在解决目标中具体且可处理的部分。每个效能指标都是某一试验目标的直接贡献因素,都可以追溯。每个试验目标及与其相关的效能指标也与一个或多个性能指标相联系,而这些性能指标又与具体的数据元相联系。数据元是试验过程中在规定条件下的观察值或测量值。

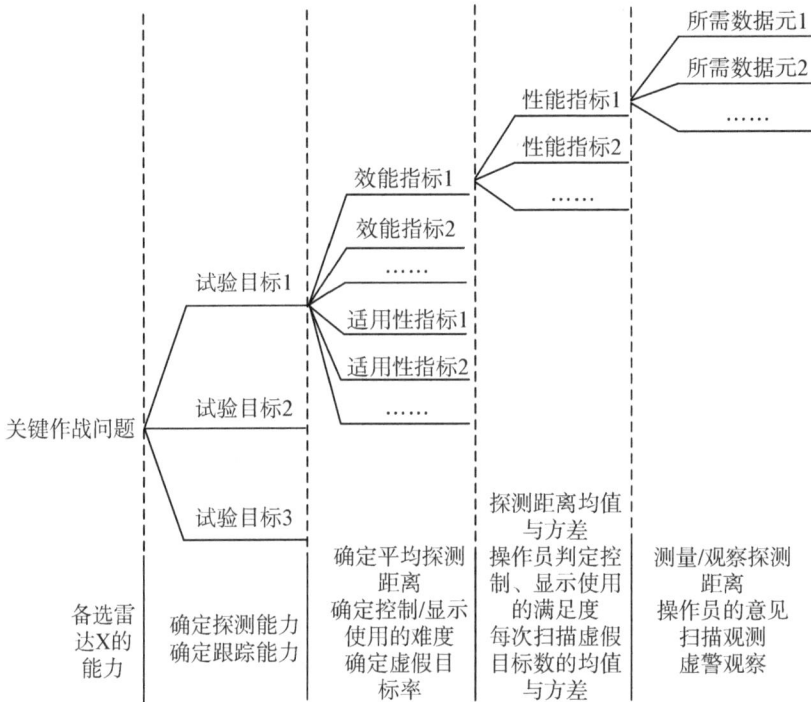

图1-5 树状分析展示关键作战问题分解

通常,每个关键作战问题对应若干个试验目标,试验目标和作战效能/适用性指标对应试验内容,但是这种对应关系不一定是一一对应的,有的指标需要多个试验内容才能考核,有的试验内容可以同时考核多个指标。在进行试验内容和项目设计时要设计好这种对应关系。

采用过程分析技术设计战情与试验剖面,需要全面考虑系统在各种环境、威胁、任务和场景下的应用情况,从而了解可能发生的事件、行动、态势和结果。这一技术有助于确定和说明相应的装备战技性能指标与效能指标、试验条件和数据需求等。

基于数理统计原理,在多因素、多水平试验中,如果进行全面试验,即对每个因素、每个水平都相互搭配试验,那么试验次数很多,需要花费大量的人力、物力和时间。特别是试验费用很高、具有破坏性或消耗性的试验,更是难以进行。而装备试验通常都是多因素、多水平试验。因此,在装备试验设计中,应当寻求各种因素和因素不同水平之间的合理搭配,在不影响试验效果和达成试验目标的前提下,尽可能减少试验次数,从而减少试验消耗和试验经费。国内外对于多因素、多水平组合下的试验设计方法进行了大量的研究,提出了区组设计(block design)、拉丁方设计(latin square design)、正交设计(orthogonal design)、均匀设计(uniform design)、参数设计(parameter design)、回归设计(regression design)、序贯试验设计等试验设计方法。

3. 基本步骤

试验设计是试验方案拟制与优化过程,必须有步骤地进行,其主要步骤如下。

(1)统计学知识准备。任何一个试验,严格地说都是抽样试验,即从试验总体中抽取样本来进行试验,以获取所需的试验资料,从而对试验总体的性能进行推断。统计方法是试验设计和试验分析最主要的科学方法。试验设计和统计分析人员,必须精通统计学知识,熟练掌握试验设计的基本原理和统计分析方法。

(2)明确试验任务。明确试验任务是根据装备试验的性质和目的来确定的。试验的性质和目的不同,试验的任务也就不同。例如,军事装备在研制过程中的研制性试验,其目的可能是验证采用的某种先进技术是否达到预期的效果。这种试验的任务就比较单一,试验项目可能就比较少,试验设计也就比较简单。而定型试验的目的是在接近实际使用的条件下,考核被试装备的战技性能和作战使用性能是否达到"研制总要求"中规定的标准。这就要在系统的作战范围内对其各种性能指标进行全面的试验与鉴定,具体的试验任务或试验项目会比较多,试验设计也比较复杂。

(3)确定作战范围。装备试验是以军事战略思想为指导,按照预想的战役背景和战术要求,在接近武器实际使用的条件下进行的。因此,在试验任务确定之后,必须对武器系统的作战使用进行研究,根据被试武器系统所担负的作战使命任务,来确定试验任务中武器系统的作战范围,明确试验总体所涉及的变量,这是试验设计的关键问题。它主要研究被试武器系统的组成、战技性能和作战使用性能,预定要对付的敌方威胁目标及威胁源的类型、数量和性能,威胁目标的战术特征,敌我对抗的态势,作战方式,以及气象、地理和电磁环境条件等各种变量,并建立完整的试验模型。

（4）试验变量及其水平选择。一般来说,在作战范围内的变量是很多的,而且每一个变量的变化范围也很大。在试验任务中,由于受到人力、物力、财力和时间的限制,不可能对每个变量的所有变化范围都进行试验,试验设计者只能在其作战范围内选择部分有代表性的变量及变量变化范围内的若干水平。试验设计的任务就是要合理地选择试验变量和变量的水平,利用在这些变量和水平上进行试验所得出的结果,来推断出总体的性能。

（5）随机化。装备试验是多变量、多水平的试验,如果每个变量与每个水平都搭配起来试验,其试验次数将会很多,这在实际工作中是难以承受的。试验设计就是要寻找既能使变量与水平随机搭配,又能减少试验次数的方法。

（6）确定试验样本量。在作战范围内,一个试验变量实际上就是作战范围内所有试验变量总体的一个样本。合理地选择试验变量及其水平组成若干试验条件,以推断出在作战范围内试验总体的性能。这是试验设计要解决的问题,需要研究在每一组战术条件下重复进行试验观测,保证试验总体性能参数的估计或参数检验所要求的试验样本量。对于参数估计问题,要根据参数估计的置信区间和置信概率的要求来确定试验的样本量,以保证试验参数估值的精度和置信水平度。参数检验问题样本量确定的关键因素是假设检验中两类错误。统计样本分布则是决定试验样本量的基本依据。

（7）制定试验方案。试验设计的最终目标是根据各种允许的试验条件,制定出最优的试验方案和试验保障要求,并编写出"试验大纲"。"试验大纲"是对试验方案和试验保障要求的全面、系统阐述,是试验执行单位组织实施试验任务的指导性文件,也是所有参试单位和人员在试验中共同遵守的技术规范,更是制定"试验实施方案"的依据。"试验大纲"的主要内容包括:任务依据,试验性质、目的,被试对象（含构成完整功能的陪试装备）及其技术状态,试验内容、项目和方法,试验条件,试验所需的试验装备、仪器和工具,测试检查内容和项目,测试、测量、录取数据及处理要求,试验靶标及控靶要求,试验通信要求,安全控制要求,需要研制方提供的图纸、资料要求,试验评定标准,试验组织分工和兵力保障等。"试验实施方案"是"试验大纲"内容和要求的细化,是试验执行单位组织实施试验活动的依据。"试验实施方案"的内容包括试验任务中每个项目的详细试验方案和具体试验保障方案。"试验保障方案"由各试验保障部门根据试验大纲的具体要求组织制定,其主要内容包括靶标保障方案、试验通信保障方案、数据收集(测控)保障方案及兵力、安全、气象水文、计量检定、后勤保障方案等。

试验设计是一个非常复杂的过程,完成"试验大纲"和"试验实施方案"的制定,试验设计的任务也就结束,接下来只需要把它们变成"试验实施计划",以便组织实施试验。

4.装备作战试验内容设计

装备作战试验是装备全寿命周期中一类非常重要,但是又相对困难的试验类型,我们主要采用树状分析技术对作战试验的内容进行设计。武器装备型号单体和系统级或体系级装备关注的作战问题有所不同,前者关注单装的作战能力,后者承担的作战任务与前者相差很大,不仅需要考核单装的能力,更重要的是考核系统或体系的整体能力,以及系统或体系成员间的关系问题。因此,需要分别确定它们的作战试验内容和试验项目清单。

1)武器装备型号单体作战试验内容

在确定装备作战试验内容时,关键性能指标是需要着重关注的。关键性能指标是实现有效军事能力需要的最低限度的属性或特征,它们往往能支持确定关键作战问题和次要问题的层次。武器装备型号单体的关键性能指标主要包括:机动性指标、火力打击能力指标、目标搜索探测能力指标和指挥控制能力指标。结合武器装备型号单体关注的作战问题,作战试验内容包括五类:机动性试验、火力打击能力试验、目标搜索探测能力试验、指挥控制能力试验、作战适应性试验。

(1)机动性试验。机动性试验主要回答被试系统在野战条件下能否在规定时间到达目标地点。根据树状分析技术确定机动性试验的内容,如图1-6所示。

根据关键作战问题,可明确试验目标——确定机动能力,包括沿道路(航线)机动的能力(含乡村土路、公路)、越野机动能力、火力干扰下的机动能力等。由此,可分析出效能指标包括速度效能指标和通过能力指标。这两类效能指标对应的性能指标分别为:越野平均速度、公路平均速度、最大速度、最大加速度和越壕宽、过垂直墙高、涉水深、单位平均压力、最大爬坡度、最大行程等。这些性能指标都可通过数据元计算得到,在树状结构的最低层就是确定性能指标与数据元的对应关系。有些性能指标所需数据元相同,但试验条件可能不同,在进行试验内容设计时也需要明确。

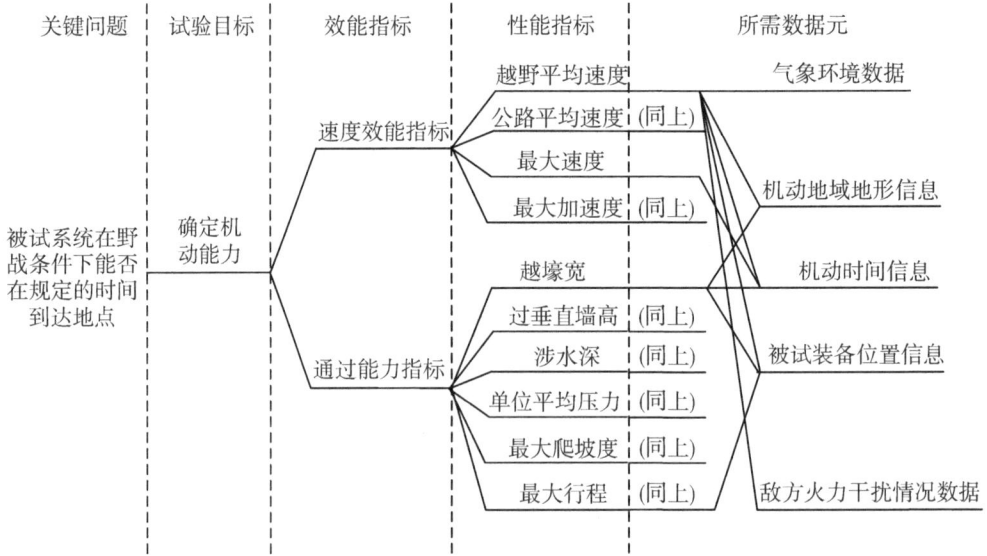

图 1-6　机动性试验内容设计

(2)火力打击能力试验。在火力打击能力试验中关键作战问题是被试系统是否具有火力优势、能否发挥火力优势,试验目标就是确定被试装备的火力打击能力。每类武器的考核重点不同,试验内容需分类设计。对于防空武器,主要考核保卫目标安全率、对敌空袭兵器毁伤率、目标射击转移时间等指标;对于反坦克武器,主要考核对坦克等装甲目标、直升机等低空目标和坚固工事目标的毁伤概率(包括首发毁伤、N 发毁伤和 X 分钟内毁伤概率)等指标;对于压制武器,主要考核打击范围、打击精度、打击威力、反应时间等指标。

由试验目标可确定效能指标为打击范围、打击精度和打击威力。这三项指标还可分解为若干项性能指标,分别为火力压制范围、精确打击范围,目标探测精度、精确打击首发命中率,爆炸威力、爆炸冲击波和压力。由此可确定各项性能指标对应的具体试验内容。

(3)目标搜索探测能力试验。目标搜索探测能力试验对应的关键问题是被试系统在战场环境下能否发现、识别、定位、跟踪目标(见图 1-7)。因此,试验目标可归结为确定目标的搜索探测能力,效能指标为目标发现能力、目标捕捉能力,它们对应的性能指标分别为探测距离、探测范围、探测限制、探测手段、目标发现概率、虚警率和跟踪能力、锁定能力和跟踪丢失率。由此可确定各项性能指标对应的具体试验内容。

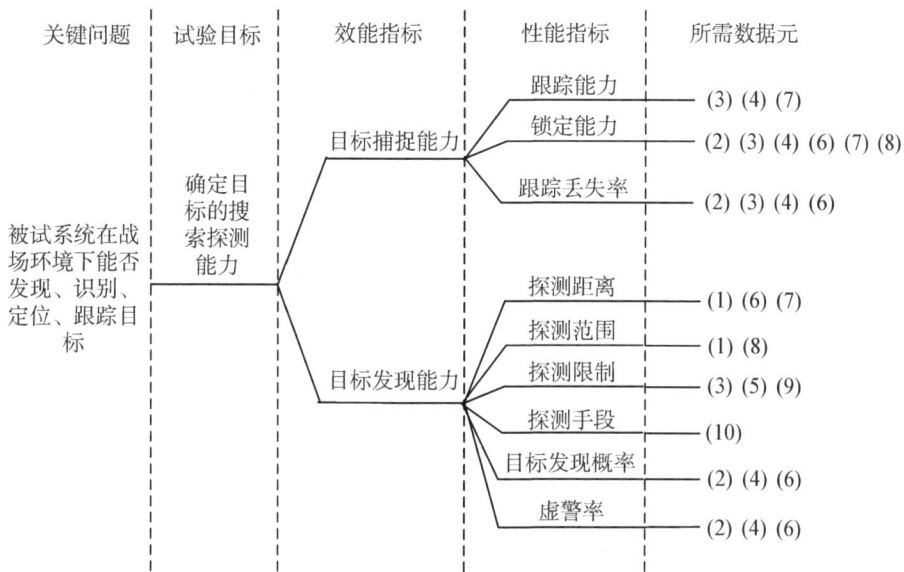

(1)—被试装备位置坐标；(2)—靶标数量；(3)—靶标坐标与姿态；(4)—靶标状态；
(5)—靶标与背景温差与色差；(6)—靶标侦察结果；(7)—探测距离；(8)—探测范围；
(9)—探测限制；(10)—探测手段记录。

图 1-7 目标搜索探测能力试验内容

（4）指挥控制能力试验。指挥控制能力试验需要回答被试系统在实战环境条件下能否满足作战指挥要求，由此可得到试验目标为确定情报处理能力、确定指挥决策能力、确定快速反应能力和确定战场生存能力，对应的效能指标分别为情报处理能力、指挥决策能力、快速反应能力和战场生存能力。相应的性能指标分别为图形和文电处理能力、信息共享能力、情报检索速率、情报评估效率、情报融合效率、情报格式转换率，指挥质量、决策满意率、命令保真度，命令响应时间、平均决策时间，生存性。

（5）作战适应性试验。作战适应性试验需要回答的关键问题是被试装备投入作战时用户的满意程度为多少，试验目标可分解为确定被试装备的可靠性、维修性、保障性、测试性、环境适应性、电磁兼容性。其相应的评估指标为可靠性指标、维修性指标、保障性指标、测试性指标、环境适应性指标、电磁兼容性指标。

2）系统级装备或体系级装备作战试验内容

系统级装备和体系级装备都是功能完备的装备系统或装备体系，由多类多台武器装备构成的集合,武器装备之间性能配套、功能相互补充,存在复杂的信息关系,通过有线或无线构建内部专用网络,实现互联互通互操作。系统级或体系级装备作战试验需要解决的问题是被试装备集合能否构成系统或体系、系统或体系作战的信息协同性问题、作战效能高低和对联合作战的贡献率等。因此,系统级装备和体系级装备作战试验内容主要包括装备系统或体系集成试验、装备系统或体系信息能力试验、装备系统或体系作战效能试验、装备系统或体系对联合作战的贡献率试验。

(1)装备系统或体系集成试验。装备系统或体系集成试验需要解决的关键问题是被试装备集合能否有效构建成一个具备完整作战能力、可协同运作的装备系统或体系。试验目标是确定装备系统或体系的集成程度。效能指标包括装备型号入网能力指标和装备体系协同性。前者对应的性能指标为电磁兼容性、信息接口、互操作能力和信息安全,该部分的数据元与单体装备的数据元相同;后者对应的性能指标为体系信息协同性和体系电磁兼容性,体系信息协同性指标的数据元是体系组成成员之间信息的接收情况数据,体系电磁兼容性指标的数据元是体系组成成员间的电磁干扰数据,包括信息传输黏滞时长、传输误码数量、数据传输总量等。

(2)装备系统或体系信息能力试验。这部分主要为了回答系统或体系作战的信息协同性问题。试验目标是确定装备系统或体系的信息能力。效能指标包括装备系统或体系内部信息共享能力、信息处理能力。共享能力的性能指标包括信息吞吐量、误码率、容量、时延、可靠性,数据元与单体的共享能力相同,但获取数据的对象是系统或体系的组成成员;信息处理能力的性能指标与型号单体的信息处理能力性能指标相同,数据元也相同,是将系统或体系看作一个整体开展试验。

(3)装备系统或体系作战效能试验。装备系统或体系作战效能试验包括系统或体系打击能力试验、侦察能力试验、指挥控制能力试验、防护能力试验、保障能力试验。试验内容与单体作战试验内容类似,但试验对象为整个装备系统或体系,试验条件也有所不同。

(4)装备系统或体系对联合作战的贡献率试验。这项内容主要是为了回答被试装备系统或体系能否纳入联合作战体系、能否适应联合作战体系的工作环境等关键作战问题。试验包括两部分内容:第一部分内容是装备系统或体系与联合作战体系集成性（融合性）试验；第二部分内容是任务效能的贡献率试验。前者包括装备系统或体系与联合作战体系信息连通性试验、装备系统或体系在联合作战体系中的兼容性与适应性试验、装备系统或体系在联合作战体系中的使命覆盖性试验，试验内容设计与单体类似，但试验对象是装备系统或体系。后者主要是对被试装备系统或体系的作战效能和联合作战装备体系的效能进行试验，两个值相除即为贡献率。考核的内容包括联合作战装备体系的侦察能力、指控能力、打击能力、保障能力和防护能力指标值，以及从联合作战装备体系中区分出被试装备系统或体系的侦察能力、指控能力、打击能力、保障能力和防护能力指标值。把联合作战体系的作战效能作为总量，把被试装备系统或体系的作战效能作为贡献量，贡献量与总量的比值即为贡献率。试验内容的设计与装备系统或体系作战效能试验类似，但需要注意的是需对整个联合作战装备体系的效能进行考核，同时要将装备系统或体系作战效能从中区分出来。

1.2　装备试验评估

依据试验获取的信息资料进行评估，这是装备试验中重要且技术难度较大的一个环节。能否对试验结果进行准确分析，对装备战技性能、作战适用性、作战效能做出正确评估，为确定装备是否满足研制总要求和作战需求提供依据，这既关系到装备试验的成败与优劣，也会对装备的定型和作战使用产生重大影响，因此必须予以高度的重视和关注。

1.2.1　基本概念

通过试验得出装备是否存在缺陷、是否满足研制总要求和作战需求的评估结论，是装备试验最直接的目的，也是装备试验的出发点和落脚点。对装备的战技性能、作战效能和作战适用性的评估主要以试验信息资料的分析为依据和基础，评估离不开试验结果的分析处理。

分析是把研究对象的整体划分为多个部分、方面、因素和层次，并分别加以考察的认识活动。评估是在测量的基础上，根据一定的准则对研究对象进行估计和评价的活动。从装备试验层面理解，装备试验结果分析与评估是对试验结果数据进行逻辑组合、分析并与预期的性能进行比较,以回答决策者关心的有关被试装备的关键问题和疑问的活动。分析与评估需要对试验结果进行科学分析与综合研判,从而为改进设计、定型或装备部队提供结论性意见,因而是装备试验最终目标的集中体现。分析与评估是装备试验与鉴定中的重要活动,通常在整个试验结束后进行,也有一些试验结果分析活动是在某些试验项目或子任务完成后开展,以分析查找试验中存在的问题。

为了对试验结果进行客观的分析与评估,必须正确地认识试验技术手段的局限性和各种方法所能达到的精确程度。因为任何一种方法都不是绝对的,特别是装备试验常常受到许多客观条件的制约,试验过程不可能完全等同其在战场上的使用过程,只能通过适当的简化,按照一定的"试验模型"来实施。另外,测试人员和测试手段难免会产生误差,试验结果不一定会十分准确。

试验分析与评估活动的对象是试验信息。按照对试验信息的处理程度,美军把试验资料划分为七个等级:第一等级为试验现场记录的原始信息,如各种活动的天文时间;第二等级为核对过的试验信息,如各项有效活动的起止时间;第三等级是经过整理的试验信息,包括对精度做过检验的实际数值,按照逻辑顺序排列提纯、鉴别并删除了无效值的数据,如相对于发射阵地的弹着点坐标;第四等级是初步统计资料或实际试验的结果,主要限于有事实依据的试验结果,如出现目标和发现目标次数的百分比;第五等级是统计推断或初步分析的资料,仅限于技术方面的分析和判断,不包括关于作战效能和军用价值的判断,如推导出的发现目标概率及其置信区间;第六等级是进一步分析和运筹学研究分析资料,已超出基本的统计方法处理的结果,包括应用模型法、模拟法或其他更高级的分析方法的处理结果,如根据来自不同条件下的射击精度数据相关对比,确定是否可以判断出某种倾向;第七等级为结论和评价,包括对关键问题所作的结论及其有关情况说明和对分析结果可靠程度的评价,如关于发现概率是否满足使用要求的结论。

在对武器装备进行评估鉴定时,一般把试验信息处理分为两个层次,通常意义上的数据处理是对试验信息的初加工,而分析与评估是对试验信息的深加工。初加工是为深加工服务的,只有经过深加工才能实现试验的最后目标,得出试验鉴定结论。由于武器装备系统自身结构和功能及其使用环境的复杂性,加上试验受到许多客观条件的制约,会大大增加分析与评估的难度。因此,试验结果分析与评估常常成为试验方法研究的重点和难点,尤其是在小子样试验情况下,会成为装备试验评估技术发展的瓶颈。

1.2.2 试验评估任务

试验结果分析与评估的任务主要有以下几个方面。

(1)异常值的判别与剔除。异常值是指在一组观测数据中,明显偏离其他值的数据,且该数据和其他观测数据不属于同一总体。因此,对异常值必须予以剔除。异常值的判定方法主要有极值偏差法和极差比法(钦克逊准则)。

(2)缺失数据的补充。其包括补充剔除异常值而丢失的数据、没有记录的数据、明显错误的数据等,主要方法包括重复试验、插值补充等。当然也可能不用补充,而是利用现有数据进行统计推断。

(3)试验数据误差识别与分析。试验数据误差包括系统误差、随机误差和过失误差。系统误差是固定的或满足某一规律的误差,需要分析确定其变化规律,设法消除它或从测量结果中修正,分析识别方法主要有对比法、残差观察法、回归模型残差检验法等;随机误差是由于每次测量中以不同方式起作用的个别原因引起的误差,需要分析误差规律,对误差进行估计;过失误差是由人员过失引起的测量数据偏差,通过加强管理消除试验中的过失误差。

(4)试验观测数据的特性检验。其包括数据的正态性检验、分布函数的吻合性检验、数据的相关性检验、平稳性检验、周期性检验和倾向性检验等。

(5)战技性能评估与作战适用性、作战效能评估。在分析处理试验数据的基础上,对被试系统战技性能进行评估,与研制总要求进行分析对比,给出鉴定结论。当然,关于被试系统作战适用性和作战效能评估,除了现场试验数据外,还要综合利用装备研制信息、仿真试验数据、装备使用信息,以及同系列其他型号装备试验的信息,才能回答装备作战使用的关键问题,提出部队使用建议,为装备定型、生产和装备部队提供可信的决策信息。同时,提出装备进一步试验考核的建议。

由于装备系统构成复杂,需要评估的装备性能很多,而且各种性能之间常常有着较复杂的联系,战技性能、作战适用性、作战效能(包括战场生存性)和体系贡献率之间还具有层次性,因此,试验评估也具有继承性和层次性。通常采用先分析、后综合的方法,依据试验信息资料和其他渠道信息,逐步系统而深入地对武器装备性能进行分析与评估:首先,把武器装备的基本作战性能分为战技性能和作战适用性能,逐一进行分析与评估;其次,把战技性能和作战适用性能进行综合,对装备的系统效能做出评估;最后,考虑作战编成、人的因素和敌我对抗,对武器装备系统的作战效能(包括生存性和体系贡献率)进行评估。

1.2.3 试验评估原则

对装备战技性能、作战效能和作战适用性评估必须遵照客观的试验信息和无偏见评价的原则来实施,以向装备试验用户部门、主管部门提供解决关键问题所必须的结论和支撑资料。为了保证能正确地估计一个系统预期的战技性能、作战效能和作战适用性,必须遵循以下原则。

1. 客观原则

客观原则要求评估人员必须具有良好的职业道德和责任意识,严格依据装备试验采集的数据资料,客观地对武器装备进行评估鉴定,绝对不能为了凑出理想的评估结论,随意增删和更改试验数据。当然,对装备战技性能、作战效能和作战适用性评估是一个综合分析工作,在保证数据资料可信可靠的前提下,可以现场试验信息为主(特指现场试验信息在评估中的作用为主),综合应用其他渠道的数据资料。

2. 独立原则

独立原则要求试验评估尤其是作战试验评估,应有专门的组织和人员,他们的活动独立于武器装备论证、承研承制、使用、管理等相关利益部门,甚至也独立于试验靶场,只对评估结论的使用部门负责,目的是使评估组织和人员能够摆脱外部环境和自身利害的影响,按照自己的意愿、企图和方式方法,独立自主地开展评估活动,公正而不带偏见地给出被试系统的评估结论。否则,失去了评估的独立性,评估的公正性也可能不能保证。

3. 继承原则

继承原则要求试验评估要充分利用之前的或其他渠道的评估信息和结论,实现对被试系统评估的可信性和可靠性的渐进式增长。由于武器装备性能具有层次性,因此,体系贡献率评估通常在作战效能和作战适用性评估的基础上进行,作战效能评估在战技性能、作战适用性和系统效能评估的基础上进行,而系统效能评估在战技性能和作战适用性评估的基础上进行,战技性能和作战适用性评估依据对试验信息资料的统计推断进行。所以,高层次性能评估要继承低层次性能评估信息和结论。

1.2.4 试验评估方法

试验性质、试验内容和具体试验任务的不同,试验结果分析与评估的方法也多种多样。从方法类型上看,试验结果分析与评估主要采用分析与综合方法和定性分析与定量分析方法。

1. 分析与综合方法

分析与综合方法是试验结果分析与评估中最基本的逻辑思维方法,它把军事装备分解为各个组成部分加以分析,再把各个组成部分联系起来进行综合研究,从而把握军事装备的本质和规律。

在试验结果分析与评估中,首先必须把各个组成部分暂时割裂开来进行分析研究。当然,这种分解要遵循一定的规律。对于性能评估来说,一般可以按空间分布、时间顺序和功能特性三个方面来分解:一是从空间分布上就系统结构的各要素分别加以分析,比如把导弹系统分解成弹体、控制、制导、电气、战斗部等分系统;二是从时间顺序上按不同的试验阶段来分析;三是从功能特性上把系统效能分解为单项效能进行分析。

分析时,必须把各组成部分、各个阶段、各种属性联系起来,采用综合研究的方法,使其条理化、系统化,从而对装备性能有一个完整的认识。同样,综合方法也包括三个方面:一是从空间分布上把各要素组成整个系统进行综合研究;二是从时间顺序上把不同阶段的试验信息一起考虑,综合利用全过程的信息;三是从功能特性上把单项效能综合为系统效能。

在通常情况下,分析是综合的基础,综合是分析的归宿。在试验结果分析与评估的实际过程中,分析与综合始终紧密联系在一起,由分析到综合,再由综合到分析,是一个不断循环提高的辩证思维过程,可以促使人们认识深刻化和全面化,以达到分析与评估的最终目标。由此可见,分析与综合是装备试验中相辅相成的科学方法。

2. 定性分析与定量分析方法

定性分析与定量分析方法是试验结果分析与评估实践中最常用的工程方法。装备试验结果主要来自工程研制阶段、设计定型阶段和生产定型阶段,可分为实物试验结果和仿真试验结果。以导弹为例,实物试验结果包括试验室试验、地面测试和实际射击试验等;仿真试验包括物理仿真试验、数学仿真试验和半实物仿真试验等。在这些试验结果中,既有定性描述,又有定量数据。装备战技性能、作战效能和作战适用性指标也有定性和定量之分。因此,定性分析和定量分析方法是试验结果分析与评估的基本方法。

定性分析方法是指从装备质的规定性方面对其进行科学分析的一种方法。当缺乏充分的试验数据、主要依靠有限的定性描述判断时,定性分析方法在结果的分析与评估中就成为主要的分析方法,如可靠性分析中的故障树分析(FTA)方法。

定量分析方法是指从装备量的规定性方面对其进行科学分析的一种方法。在试验数据较为充分、相关的因素可以量化的情况下,应尽量采用定量分析方法。定量分析方法以试验数据为基础,可能采用的方法种类非常多。由于试验数据通常具有随机特性,所以统计分析方法是最具代表性的定量分析方法。

对于具体性能指标的分析与评估,单纯采用定性或定量分析方法常常会显得无能为力或效果不佳。因此,定性与定量相结合的分析方法已成为试验结果分析与评估的常用方法。

1.3 装备试验设计与评估的关系

试验与评估通常被认为是同一过程,但是实际上它们是相互关联的不同过程。试验是以测试或检查的方法对装备元部件、系统、概念或为某一目的采集所需试验数据或信息进行的实践活动,而评估则是一个确认某一元器件、系统、概念或方法的价值的活动。试验为评估提供原始数据,评估利用这些数据得出对被试系统评价的信息。试验是评估的基础,评估是对试验结果的分析和判断过程。作为试验的首要环节和试验方案的寻优过程,试验设计是为了更好地服务评估,而评估需求牵引试验设计,两者都是为了保证装备试验的效益和武器装备的质量。

1.3.1 评估需求牵引试验设计

评估需求规定了一些装备需要考核评价的性能指标,如装备的战技性能指标,装备的作战效能指标(包括战场生存性和体系贡献率指标)和作战适用性指标。评估需求在"试验与鉴定总体计划"或"试验任务总要求"文件中描述,这个文件由装备型号管理部门和试验机构协同制定,明确了被试系统的关键战技性能和作战使用性能,阐述了要计划评估的目标、任务、要求、进度安排和试验资源配置等政策性问题。对作战试验来说,评估需求由独立的试验评估机构、作战研究部门和评估结论用户共同制定,基于武器装备的使命任务,评估其在采办过程中的作战效能、作战适用性、战场生存性和体系贡献率,回答武器装备的关键作战问题。

评估需求牵引试验设计主要体现在以下几个方面。

一是评估需求决定装备试验范围。装备试验范围由试验内容、试验项目和试验条件组合等要素界定,用于明确一型武器装备"试什么",在什么状态条件下试验等问题,它们都是通过试验设计解决的问题,由装备试验评估需求导出。比如,评估需求中要试验考核的指标可能由一个或多个试验项目完成,试验状态条件由对考核指标敏感的若干试验变量及其取值水平组合而成,显然,装备试验范围是由装备试验评估需求决定的。

二是评估需求决定战情与试验剖面设计。战技性能、作战适用性和作战效能都是在武器装备的使用环境尤其是战场对抗环境中表现出来的,离开了使用环境讨论武器装备的各种性能指标是没有意义的,而作战使用环境通过战情设计来描述,试验剖面是对战情设计的作战剖面的简化和抽象,因此,战情与试验剖面是试验设计的重要内容。

三是评估需求支持试验变量的筛选。首先,评估需求限定响应变量的选取,因变量是直接可以测量的试验结果,可能是评估考核指标,也可能是考核指标的导出变量;其次,评估需求限定试验条件变量(又称自变量)的选取,自变量是武器装备在作战使用中具有战术意义的影响因素,必定与考核评估的指标相关,这是自变量选取的基本前提。为了避免选取的自变量太多,增加装备试验的复杂性和试验条件组合数,试验设计时,采用灵敏度分析方法检查候选自变量与评估指标或响应变量的灵敏度,按照灵敏度高低排序,通常选择灵敏度高的自变量作为试验因素,并进行试验因素及其水平组合,形成具体的试验条件。

1.3.2　试验设计服务试验评估

运用统计学理论和方法,通过设计尽可能少的试验次数、尽可能低的试验消耗、尽可能短的试验时间获取足够有效的数据资料,从而为装备战技性能、作战性能(包括作战效能、作战适用性、战场生存性和体系贡献率),以及试验质量(试验的充分性、安全性和经济性等)提供有力的评估。这一过程涉及试验内容、试验项目、战术要求、试验环境条件、试验装备等因素,是一项极其重要的总体分析工作,关系到装备试验能否取得成功。由于装备试验成功的重要标志在于给出的评估结论是否准确可信,因此,试验设计的一切工作都是为了最后的试验评估,满足试验评估的需要。

试验设计服务试验评估主要体现在以下几个方面。

(1)试验设计为试验评估活动提供依据。试验设计的最终成果是"试验大纲"和"试验实施方案",它们是装备试验非常重要的文件,明确了包括试验评估在内的各项试验活动的时间、条件与方法,也明确了评估机构和人员的责任与要求、组织与实施等问题,这是试验评估活动的依据。另外,在试验实施方案中阐述的数据处理及结果分析方法,不论是性能试验评估,还是作战试验评估,都是评估方法的基础部分,用于解决如何建立试验数据结果与考核指标之间的关系。

(2)试验设计为试验评估的可信性提供保证。美国国防部作战试验与鉴定局指出,试验设计适用于研制试验和作战试验,试验设计使试验人员能够确定"这种试验的置信水平、这种试验拒绝假设的统计功效,以及这种试验覆盖系统作战包线的某种指标"。科学严谨的试验设计是严格依据统计学方法,基于给定的置信水平,推导试验次数、试验条件组合和数据样本,形成"试验大纲"和"试验实施方案"。按照这两个文件开展装备试验,从理论上能够保证装备试验的充分性、科学性,保证评估所需数据资料足够,从而保证评估结论的准确性和可信性。

第2章 装备试验正交设计与均匀设计方法

正交设计、均匀设计是装备试验中应用最为广泛的因素试验设计方法,典型的应用如爆炸成型弹丸成型因素分析试验、反弹道导弹目标打靶试验、反舰导弹自控终点散布和命中精度估算、雷达动态跟踪精度试验、潜射导弹出水试验等,本章主要介绍正交设计和均匀设计方法的原理与应用。

2.1 试验设计方法概述

试验设计是数理统计学的一个重要的分支。多数数理统计方法主要用于分析已经得到的数据,而试验设计却是用于决定数据收集的方法。试验设计方法主要讨论如何合理地安排试验,以及试验所得的数据如何分析等。

例 2-1 某化工厂想提高某化工产品的质量和产量,对工艺中三个主要因素各按三个水平进行试验(见表 2-1)。试验的目的是提高合格产品的产量,寻求最适宜的操作条件。

表 2-1 因素水平

水平	因素		
	温度 $T/℃$	压力 p/Pa	加碱量 m/kg
1	80	5.0	2.0
2	100	6.0	2.5
3	80	7.0	3.0

对此实例该如何进行试验方案的设计呢?很容易想到的是全面搭配法方案,如图 2-1 所示。此方案数据点分布的均匀性极好,因素和水平的搭配十分全面,唯一的缺点是试验次数多达 $3^3=27$ 次(指数 3 代表 3 个因素,底数 3

代表每个因素有 3 个水平)。因素、水平数愈多,则试验次数就愈多。例如,做一个 6 因素 3 水平的试验,就需 $3^6=729$ 次试验,显然难以做到。因此需要寻找一种合适的试验设计方法。

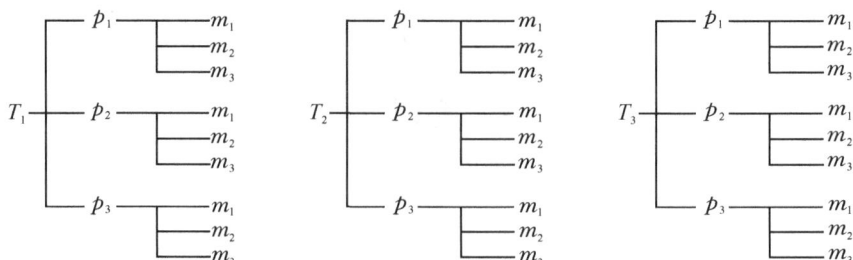

图 2-1 全面搭配法方案

试验设计方法常用的术语定义如下。

(1)试验指标:试验研究过程的因变量,常为试验结果特征的量(如得率、纯度等)。例 2-1 的试验指标为合格产品的产量。

(2)因素:试验研究过程的自变量,常常是造成试验指标按某种规律发生变化的那些原因,如例 2-1 的温度、压力、碱的用量。

(3)水平:试验中因素所处的具体状态或情况,又称为等级,如例 2-1 的温度有 3 个水平。温度用 T 表示,下标 1、2、3 表示因素的不同水平,分别记为 T_1、T_2、T_3。压力与加碱量的表示方法与温度的相同。

常用的试验设计方法有正交试验设计法、均匀试验设计法、单纯形优化法、双水平单纯形优化法、回归正交设计法、序贯试验设计法等。可供选择的试验方法有很多,各种试验设计方法都有其一定的特点。所面对的任务与要解决的问题不同,选择的试验设计方法也应有所不同。由于篇幅的限制,本章只讨论正交试验设计方法。

2.2　正交试验设计方法的优点和特点

用正交表安排多因素试验的方法,称为正交试验设计法。其特点为:①完成试验要求所需的试验次数少。②数据点的分布很均匀。③可用相应的极差分析方法、方差分析方法、回归分析方法等对试验结果进行分析,引出许多有价值的结论。

从例 2-1 可看出,采用全面搭配法方案,需做 27 次试验。那么采用简单比较法方案又如何呢?

先固定 T_1 和 p_1,只改变 m,观察因素 m 不同水平的影响,三次试验如图 2-2(1)所示,发现 $m=m_2$ 时的试验效果最好(好的加□表示),合格产品的产量最高,因此认为在后面的试验中因素 m 应取 m_2 水平。

固定 T_1 和 m_2,改变 p 的三次试验如图 2-2(2)所示,发现 $p=p_3$ 时的试验效果最好,因此认为因素 p 应取 p_3 水平。

固定 p_3 和 m_2,改变 T 的三次试验如图 2-2(3)所示,发现因素 T 宜取 T_2 水平。

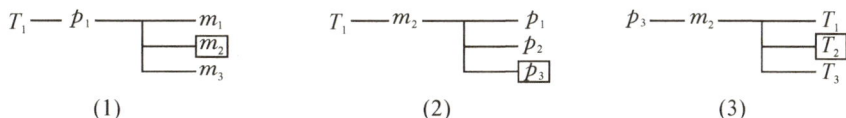

图 2-2　简单比较法方案

因此可以引出结论:为提高合格产品的产量,最适宜的操作条件为 T_2、p_3、m_2。与全面搭配法方案相比,简单比较法方案的优点是试验的次数少,只需做 9 次试验。但必须指出,简单比较法方案的试验结果是不可靠的,原因有:①在改变 m 值(或 p 值,或 T 值)的三次试验中,说 m_2(或 p_3 或 T_2)水平最好是有条件的。在 $T\neq T_1$,$p\neq p_1$ 时,m_2 水平不是最好的可能性是有的。②在改变 m 的三次试验中,固定 $T=T_2$,$p=p_3$ 应该说也是可以的,是随意的,故在此方案中数据点的分布的均匀性是毫无保障的。③用这种方法比较条件好坏时,只是对单个的试验数据进行数值上的简单比较,不能排除必然存在的试验数据误差的干扰。

运用正交试验设计方法,不仅具有上述两个方案的优点,而且试验次数少,数据点分布均匀,结论的可靠性较好。

正交试验设计方法是用正交表来安排试验的。对于例 2-1 适用的正交表是 $L_9(3^4)$,其试验安排如表 2-2 所示。

所有的正交表与 $L_9(3^4)$ 正交表一样,都具有以下两个特点:

(1)在每一列中,各个不同的数字出现的次数相同。在表 $L_9(3^4)$ 中,每一列有三个水平,水平 1、2、3 都是各出现 3 次。

(2)表中任意两列并列在一起形成若干个数字对,不同数字对出现的次数也都相同。在表 $L_9(3^4)$ 中,任意两列并列在一起形成的数字对共有 9 个:(1,1),(1,2),(1,3),(2,1),(2,2),(2,3),(3,1),(3,2),(3,3),每一个数字对各出现一次。

表 2-2　试验安排表

试验号	列号 1	列号 2	列号 3	列号 4
	水平(温度)	水平(压力)	水平(加碱量)	水平
1	$1(T_1)$	$1(p_1)$	$1(m_1)$	1
2	$1(T_1)$	$2(p_2)$	$2(m_2)$	2
3	$1(T_1)$	$3(p_3)$	$3(m_3)$	3
4	$2(T_2)$	$1(p_1)$	$2(m_2)$	3
5	$2(T_2)$	$2(p_2)$	$3(m_3)$	1
6	$2(T_2)$	$3(p_3)$	$1(m_1)$	2
7	$3(T_3)$	$1(p_1)$	$3(m_3)$	2
8	$3(T_3)$	$2(p_2)$	$1(m_1)$	3
9	$3(T_3)$	$3(p_3)$	$2(m_2)$	1

这两个特点称为正交性。正交表具有上述特点,就保证了用正交表安排的试验方案中因素水平是均衡搭配的,数据点的分布是均匀的。因素、水平数越多,越能显示出正交试验设计方法的优越性,如上述提到的 6 因素 3 水平试验,用全面搭配方案需 729 次,若用正交表 $L_{27}(3^{13})$ 来安排,则只需做 27 次试验。

在化工生产中,因素之间常有交互作用。当上述的因素 T 的数值和水平发生变化时,试验指标随因素 p 变化的规律也发生变化,或反过来,当因素 p 的数值和水平发生变化时,试验指标随因素 T 变化的规律也发生变化。这种情况称为因素 T、p 间有交互作用,记为 $T \times p$。

2.3　正交表

使用正交设计方法进行试验方案的设计,就必须用到正交表。

2.3.1　各列水平数均相同的正交表

各列水平数均相同的正交表,也称为单一水平正交表。这类正交表名称的写法举例如下：

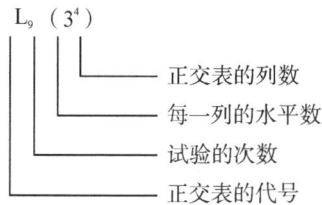

$$L_9\,(3^4)$$

　　正交表的列数
　　每一列的水平数
　　试验的次数
　　正交表的代号

各列水平均为 2 的常用正交表有：$L_4(2^3)$，$L_8(2^7)$，$L_{12}(2^{11})$，$L_{16}(2^{15})$，L_{20} (2^{19})，$L_{32}(2^{31})$。

各列水平数均为 3 的常用正交表有：$L_9(3^4)$，$L_{27}(3^{13})$。

各列水平数均为 4 的常用正交表有：$L_{16}(4^5)$。

各列水平数均为 5 的常用正交表有：$L_{25}(5^6)$。

2.3.2　混合水平正交表

各列水平数不相同的正交表，称为混合水平正交表，下面就是一个混合水平正交表名称的写法：

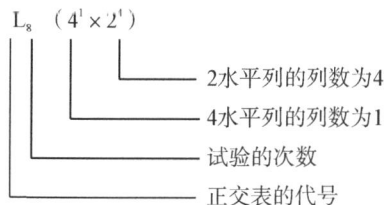

$$L_8\,(4^1 \times 2^4)$$

　　2 水平列的列数为 4
　　4 水平列的列数为 1
　　试验的次数
　　正交表的代号

$L_8(4^1 \times 2^4)$ 常简写为 $L_8(4 \times 2^4)$。此混合水平正交表含有 1 个 4 水平列，4 个 2 水平列，共有 5 列。

2.3.3　选择正交表的基本原则

一般先确定试验的因素、水平和交互作用，后选择适用的 L 表。在确定因素的水平数时，主要因素宜多安排几个水平，次要因素可少安排几个水平。

(1)先看水平数。若各因素全是 2 水平，就选用 L(2*) 表；若各因素全是 3 水平，就选 L(3*) 表。若各因素的水平数不相同，就选择适用的混合水平表。

(2)每一个交互作用在正交表中应占一列或二列。要看所选的正交表是否足够大，能否容纳得下所考虑的因素和交互作用。为了对试验结果进行方差分析或回归分析，还必须至少留一个空白列，作为"误差"列，在极差分析中要作为"其他因素"列处理。

（3）要看试验精度的要求。若要求高，则宜取试验次数多的 L 表。

（4）若试验费用昂贵，或试验的经费有限，或人力和时间都比较紧张，则不宜选试验次数太多的 L 表。

（5）按原来考虑的因素、水平和交互作用去选择正交表，若无合适的正交表可选，简便且可行的办法是适当修改原定的水平数。

（6）若无法把握某因素或某交互作用的影响是否确实存在的情况下，选择 L 表时常为该选大表还是选小表而犹豫。若条件允许，应尽量选用大表，让影响存在的可能性较大的因素和交互作用各占适当的列。某因素或某交互作用的影响是否真的存在，留到方差分析进行显著性检验时再做结论。这样既可以减少试验的工作量，又不至于漏掉重要的信息。

2.3.4　正交表的表头设计

表头设计就是确定试验所考虑的因素和交互作用，在正交表中该放在哪一列的问题。

（1）有交互作用时，表头设计则必须严格地按规定进行。因篇幅限制，此处不讨论，请查阅有关书籍。

（2）若试验不考虑交互作用，则表头设计可以是任意的。对于例 2-1 中适用的正交表 $L_9(3^4)$ 的表头设计，如表 2-3 所列的各种方案都是可用的。但是正交表的构造是组合数学问题，必须满足 2.2 中所述的特点。对试验之初不考虑交互作用而选用较大的正交表，空列较多时，最好仍与有交互作用时一样，按规定进行表头设计。只不过将有交互作用的列先视为空列，待试验结束后再加以判定。

表 2-3　$L_9(3^4)$ 表头设计方案

列号	方案			
	1	2	3	4
1	T	空	m	p
2	p	T	空	m
3	m	p	T	空
4	空	m	p	T

2.4　正交试验的操作方法

(1)分区组。对于一批试验,如果要使用几台不同的机器,或要使用几种原料来进行,为了防止机器或原料的不同而造成误差,从而干扰试验的分析,可在开始做试验之前,用 L 表中未排因素和交互作用的一个空白列来安排机器或原料。

同理,若试验指标的检验需要几个人(或几台机器)来做,为了消除不同人(或仪器)检验的水平不同给试验分析带来干扰,也可采用在 L 表中用一空白列来安排的办法。这样一种作法叫作分区组法。

(2)因素水平表排列顺序的随机化。例如,在例 2-1 中,每个因素的水平序号从小到大时,因素的数值总是按由小到大或由大到小的顺序排列。按正交表做试验时,所有的 1 水平要碰在一起,而这种极端的情况有时是不希望出现的,有时也没有实际意义。因此在排列因素水平表时,最好不要简单地按因素数值由小到大或由大到小的顺序排列。从理论上讲,最好能使用随机化方法。所谓随机化方法就是采用抽签或查随机数值表的办法,来决定排列的顺序。

(3)试验进行的次序没必要完全按照正交表上试验号码的顺序。为减少试验中由于先后试验操作熟练的程度不匀带来的误差干扰,理论上推荐用抽签的办法来决定试验的次序。

(4)在确定每一个试验的试验条件时,只需考虑所确定的几个因素和分区组该如何取值,而不要考虑交互作用列和误差列怎么办的问题。交互作用列和误差列的取值问题由试验本身的客观规律来确定。它们对指标影响的大小在方差分析时给出。

(5)做试验时,要力求严格控制试验条件。这个问题在因素各水平下的数值差别不大时更为重要。例如,例 2-1 中的因素加碱量(m)的三个水平:$m_1 = 2.0\ kg$,$m_2 = 2.5\ kg$,$m_3 = 3.0\ kg$,在以 $m = m_2 = 2.5\ kg$ 为条件的某一个试验中,就必须严格认真地让 $m_2 = 2.5\ kg$。若因为粗心和不负责任,造成 $m_2 = 2.2\ kg$ 或造成 $m_2 = 3.0\ kg$,那整个试验就失去了正交试验设计方法的特点,极差和方差分析方法的应用也就丧失了必要的前提条件,因而得不到正确的试验结果。

2.5　正交试验结果的分析方法

正交试验方法能得到科技工作者的重视并在实践中得到广泛的应用,其原因不仅在于能使试验的次数减少,而且能够用相应的方法对试验结果进行分析并引出许多有价值的结论。因此,使用正交试验法进行试验时,如果不对试验结果进行认真的分析,并引出应该引出的结论,就失去了用正交试验法的意义和价值。

2.5.1　极差分析方法

下面以表 2-4 为例讨论 $L_4(2^3)$ 正交试验结果的极差分析方法。极差指的是各列中各水平对应的试验指标平均值的最大值与最小值之差。从表 2-4 的计算结果可知,用极差法分析正交试验结果可引出以下几个结论。

(1)在试验范围内,各列对试验指标的影响从大到小排队。某列的极差最大,表示该列的数值在试验范围内变化时,使试验指标数值的变化最大。所以各列对试验指标的影响从大到小的排队,就是各列极差 D 的数值从大到小的排队。

(2)明确试验指标随各因素的变化趋势。为了能更直观地看到变化趋势,常将计算结果绘制成图。

(3)确定使试验指标最好的适宜的操作条件(适宜的因素水平搭配)。

(4)可对所得结论和进一步的研究方向进行讨论。

表 2-4　$L_4(2^3)$ 正交试验计算

列号	试验号 1	2	3	n＝4	I_j	II_j	k_j	I_j/k_j	II_j/k_j	极差(D_j)
1	1	1	2	2	$I_1=y_1+y_2$	$II_1=y_3+y_4$	$k_1=2$	I_1/k_1	II_1/k_1	max{·}−min{·}
2	1	2	1	2	$I_2=y_1+y_3$	$II_2=y_2+y_4$	$k_2=2$	I_2/k_2	II_2/k_2	max{·}−min{·}
3	1	2	2	1	$I_3=y_1+y_4$	$II_3=y_2+y_3$	$k_3=2$	I_3/k_3	II_3/k_3	max{·}−min{·}
试验指标 y_i	y_1	y_2	y_3	y_4						

注:

I_j——第 j 列"1"水平所对应的试验指标的数值之和;

II_j——第 j 列"2"水平所对应的试验指标的数值之和;

k_j——第 j 列同一水平出现的次数。等于试验的次数(n)除以第 j 列的水平数;

I_j/k_j——第 j 列"1"水平所对应的试验指标的平均值;

II_j/k_j——第 j 列"2"水平所对应的试验指标的平均值;

D_j——第 j 列的极差。等于第 j 列各水平对应的试验指标平均值中的最大值减最小值,即 $D_j = \max\{I_j/k_j, II_j/k_j, \cdots\} - \min\{I_j/k_j, II_j/k_j, \cdots\}$。

2.5.2　方差分析方法

1. 计算公式和项目

试验指标的加和值 $= \sum_{i=1}^{n} y_i$,试验指标的平均值 $\bar{y} = \dfrac{1}{n}\sum_{i=1}^{n} y_i$。

2. 可引出的结论

与极差法相比,方差分析方法具有一个重要优势:它能够判断各因素对试验指标的影响是否显著,并确定其显著性水平。在数理统计中,这一功能具有重要意义。显著性检验的核心价值在于评估每个因素对试验指标的实际影响程度。当某个因素对指标的影响不显著时,分析该因素水平变化对指标的影响规律就失去了意义。因为在这种情况下,即使试验数据显示指标随该因素水平变化呈现某种"规律性"变化,这种"规律"很可能是由试验误差造成的,不能被视为可靠的客观规律。在进行各因素的显著性检验后,应将影响不显著的交互作用列与原始"误差列"合并,形成新的"误差列",并重新检验各因素的显著性。

2.6　均匀设计

1978 年,中华人民共和国第七机械工业部在导弹研制过程中提出了一个五因素试验要求:每个因素的水平数要多于 10,而试验总数又不超过 50。这一要求超出了正交试验设计的适用范围。为此,我国数学家方开泰教授与王元教授提出了"均匀设计"方法。

对于一个水平数为 m 的正交试验,至少要做 m^2 次试验,如 $m=10$ 时,$m^2=100$,即至少要做 100 次试验,这在实际中是难以实施的。因此,正交试验设计方法只适用因素水平数不太多的多因素试验。

正交表具有两大显著特点,即让试验点实现"均匀分散、整齐可比"。"均匀分散"体现的是均匀性,它要求试验点在试验范围内均匀分布,如此一来,每个试验点都能具备一定的代表性。借助这种特性,我们能够通过部分试验来反映全面试验的情况,进而极大地减少试验次数。"整齐可比"指的是综合可比性,具备这一特性使得试验结果的分析变得十分便捷,能够轻松分析出各因素及其交互作用对试验指标的影响程度和规律。然而,为保证这种整齐可比性(也就是"均衡搭配"),对于任意两个因素而言,都必须进行全面试验,这意味着每个因素的水平都要有重复出现的情况。如此一来,试验点在试验范围内就无法充分地均匀分散,试验点的数量也就不能太少。综上所述,正交试验为了确保"整齐可比",在一定程度上限制了均匀性,导致试验点的代表性不够强,试验次数也无法充分减少。与之不同的是,如果不考虑整齐可比(即综合可比)性,而是全力保证均匀性,让试验点在试验范围内充分均匀分散,那么不仅可以大幅减少试验点的数量,而且依然能够获得反映试验体系主要特征的试验结果。这种从均匀性角度出发的试验设计,被称为均匀试验设计。

均匀试验设计的最大优点是可以减少试验次数,尤其在试验因素水平较多的情况下,其优势更为明显。例如,一个四因素七水平试验,进行一轮全面试验要做 $7^4 = 2401$ 次,用正交试验也至少要做 $7^2 = 49$ 次,而用均匀试验则仅需 7 次。因此,对于水平数很多的多因素试验,试验费用昂贵、实际情况要求尽量少做试验的情形,以及筛选因素、收缩试验范围进行逐步寻优的场合,均匀设计都是十分有效的试验设计方法。

由于均匀设计没有整齐可比性,所以试验结果的处理不能采用方差分析法,而必须用回归分析。因此,试验数据处理较为复杂,这是均匀设计的一个缺点。在发明均匀设计法的 1978 年,计算机应用尚未普及,数据处理复杂这一问题着实是一大挑战。然而在计算机十分普及的今天,数据处理已不再是一个难题。况且,多分析数据比多做试验更为经济。

2.6.1 均匀设计表及其使用表

与正交试验设计相似,均匀设计也是通过一套精心设计的表格来安排试验的,这种表称为均匀设计表。均匀设计表是根据数论方法在多重数值积分中的应用原理构造的,它分为等水平均匀设计表和混合水平均匀设计表两种。

1. 等水平均匀设计表

等水平均匀设计表用 $U_n(m^k)$ 表示,其中各符号的意义如下:

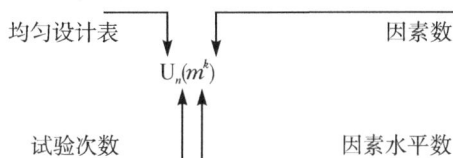

$$U_n(m^k)$$

均匀设计表 ← ↑ ↑ → 因素数

试验次数 ↑ ↑ 因素水平数

表 2-5 为 $U_6(6^4)$ 均匀设计表,最多可安排 4 个因素,每个因素 6 个水平,共做 6 次试验。

等水平均匀设计表具有如下特点。

(1)每个因素的每个水平只做一次试验。

(2)任意两个因素的试验点画在平面格子点上,每行每列恰好有一个试验点。

表 2-5 $U_6(6^4)$ 均匀设计表

试验号	列号			
	1	2	3	4
1	1	2	3	6
2	2	4	6	5
3	3	6	2	4
4	4	1	5	3
5	5	3	1	2
6	6	5	4	1

上述两个特点反映了试验安排的均衡性,即对各因素及其每个水平均给予同等的考量。

(3)等水平均匀表任两列之间不一定是平等的。例如,用 $U_6(6^4)$ 的第 1、3 列和第 1、4 列分别画图,得图 2-3(a)和图 2-3(b)。图 2-3(a)的点分布比较均匀,而图 2-3(b)的点则分布不均匀。均匀设计表的这一性质与正交表有很大不同,因此,每个均匀设计表必须有一个附加的使用表,以帮助我们在均匀设计时选列来安排各个因素。表 2-6 为 $U_6(6^4)$ 的使用表,它告诉我们在利用 $U_6(6^4)$ 进行均匀设计时,若只有 2 个因素时,则应安排在第 1、3 列;若有 3 个因素,则应安排在第 1、2、3 列。表 2-6 中最后一列 D 表示刻划均匀度的偏差,D 值越小,均匀度越好。

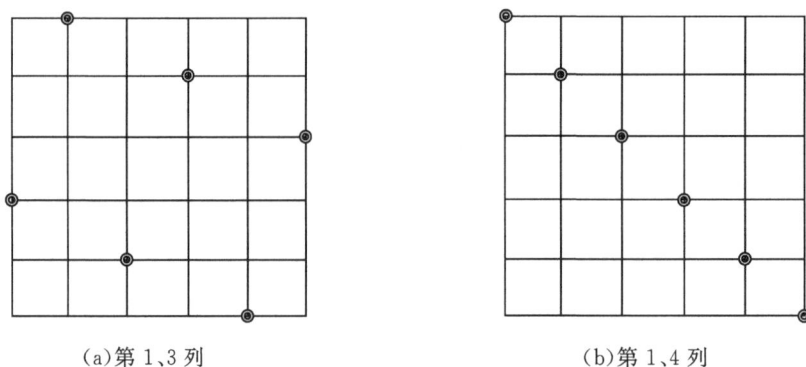

(a)第 1、3 列　　　　　　　　　　(b)第 1、4 列

图 2 - 3　均匀表不同列组合的均匀性

表 2 - 6　$U_6(6^4)$ 使用表

因素数	列号				D(偏差值)
2	1	3			0.1875
3	1	2	3		0.2656
4	1	2	3	4	0.2990

（4）等水平均匀表的试验次数与该表的水平数相等。当水平数增加时,试验数按水平数的增加量在增加。如水平数 m 从 9 增加到 10 时,试验数 n 也从9 增加到 10。但对于等水平正交试验,当水平数从 9 增加到 10 时,试验数将从 81 增加到 100,按平方关系增加。可见,均匀设计中增加因素水平时,仅使试验工作量稍有增加,这是均匀设计的最大优点。

（5）水平数为奇数的表与水平数为偶数的表之间,具有确定的关系。将奇数表去掉最后一行,就得到水平数比原奇数表少 1 的偶数表,相应地,试验次数也少,而使用表不变。例如,将 $U_7(7^6)$ 去掉最后一行,就得到了 $U_6(6^6)$,使用表不变。因此,许多书上只给出水平数为奇数的均匀设计表。

（6）均匀表中各列的因素水平不能像正交表那样可以任意改变次序,而只能按照原来的顺序进行平滑。就是将原来的最后一个水平与第一个水平衔接起来,组成一个封闭圈,然后从任一处开始定为第一水平,按圈子的方向或相反方向,排出第二水平、第三水平等。

2. 混合水平均匀设计表

混合水平均匀设计表用于因素水平不相同的均匀试验,其一般形式为 U_n

$(m_1^{k_1}\times m_2^{k_2}\times m_3^{k_3})$，式中，$n$ 为试验次数，m_1、m_2、m_3 为列的水平数，k_1、k_2、k_3 分别表示水平数为 m_1、m_2、m_3 的列的数目。

混合水平均匀设计表是通过对等水平的均匀设计表采用拟水平方法而得到的。

设某试验需考察 A、B、C 三个因素，A、B 取 3 个水平，C 取 2 个水平。这个试验可以用正交表 $L_{18}(2\times 3^7)$ 来安排，这等价于全面试验，并且不可能找到比 $L_{18}(2\times 3^7)$ 更小的正交表来安排这个试验。那么，是否可以用均匀设计来安排这个试验呢？直接运用是有困难的，但可采用拟水平法对等水平均匀设计表进行改造。我们选均匀表 $U_6(6^6)$，按使用表的推荐用 1、2、3 前三列。现将第 1、2 列的水平做如下改造：

$$\{1,2\}\longrightarrow 1,\{3,4\}\longrightarrow 2,\{5,6\}\longrightarrow 3$$

第 3 列的水平做如下改造：

$$\{1,2,3\}\longrightarrow 1,\{4,5,6\}\longrightarrow 2$$

这样，便得到了一个混合水平的均匀设计表 $U_6(3^2\times 2^1)$（见表 2-7）。把因素 A、B、C 依次放在 $U_6(3^2\times 2^1)$ 的第 1、2、3 列上即可。

表 2-7 有很好的均衡性（即正交表所具有的均衡搭配性质），如第 1、3 列和第 2、3 列的所有水平均出现且只出现一次，但并不是每一次作拟水平设计都能这么好。

表 2-7　拟水平设计 $U_6(3^2\times 2^1)$

试验号	列号		
	1(A)	2(B)	3(C)
1	(1)1	(2)1	(3)1
2	(2)1	(4)2	(6)2
3	(3)2	(6)3	(2)1
4	(4)2	(1)1	(5)2
5	(5)3	(3)2	(1)1
6	(6)3	(5)3	(4)2

在采用拟水平法构造混合水平均匀设计表时，为确保生成的设计表具有良好的均衡性，不宜直接按照使用表的推荐列进行选择，而应通过系统比较分析，选取合适的列来构造混合水平表。这一优化过程的目标是使最终生成的

混合水平表既保持优良的均衡特性,又能使其偏差(D值)达到最小。

2.6.2　均匀试验设计的基本方法

均匀试验设计的基本方法与正交试验设计一样,也包括试验方案设计与试验结果分析两部分。

1. 试验方案设计

(1)确定试验指标。

(2)选择试验因素。

(3)确定因素水平。对于均匀设计,因素水平范围可以取宽一些,水平数可多取一些。

(4)选择均匀设计表及表头设计。根据试验因素数、试验次数和因素水平数选择均匀设计表。均匀试验结果不能用方差分析法处理,只能用多元回归分析法处理。

若各因素$(x_1,x_2,\cdots,x_k)$与响应值y之间的关系是线性的,则多元线性回归方程为

$$\hat{y} = b_0 + b_1 x_1 + b_2 x_2 + \cdots + b_m x_m$$

为求出这m个回归系数$b_i(i=1,2,\cdots,m)$,就要列出m个方程(b_0可由这m个回归系数求出)。为了对求得的方程进行检验,还要增加二次试验,共需$m+2$次试验,此时的剩余自由度$f_{剩}=1$,为使F检验法具有足够的灵敏度,应做到$f_{剩}\geqslant2$,故至少还应再增加一次试验,所以应选择试验次数n大于或等于$m+3$的均匀设计表。

因为回归方程是线性的,所以方程个数m等于因素个数k。

$$f_{总}=n-1, f_{回}=m, f_{剩}=f_{总}-f_{回}=n-1-m\geqslant2, 即 n\geqslant m+3。$$

当各因素与响应值的关系为非线性时,或因素间存在交互作用时,可回归为多元高次方程。例如,当各因素与响应值均为二次关系时,回归方程为

$$\hat{y} = b_0 + \sum_{i=1}^{k} b_i x_i + \sum_{i=1,j=1}^{T} b_T x_i x_j + \sum_{j=1}^{k} b_j x_i^2$$

式中,$T=\dfrac{k(k-1)}{2}$。$x_i x_j$反映因素间的交互作用,x_i^2反映因素二次项的影响,回归系数总计为(不计常数项b_0):

$$m = k + \frac{k(k-1)}{2}$$

式中,k 为因素个数,最后一项为交互作用项个数。因此,为了求得二次项和交互作用项,同时为了使 $f_{剩} \geqslant 2$,此时与前面一样,必须选用试验次数大于回归方程系数总数的均匀设计表,即应做到 $n \geqslant m + 3$。

均匀设计表选定后,接下来进行表头设计,若为等水平表,则根据因素个数在使用表上查出安排因素的列号,再把各因素依其重要程度为序,依次排在表上;若为混合水平均匀设计表,则按水平把各因素分别安排在具有相应水平的列中。

(5)制定试验方案。表头设计好后,各因素所在列已确定,将各因素列的水平代码换成相应因素的具体水平值,即得试验设计方案。应该指出,均匀设计表中的空列(即未安排因素的列),既不能用于考察交互作用,也不能用于估计试验误差。

2. 试验结果分析

(1)直观分析法,即从已做的试验点中挑一个指标值最好的试验点,用该点对应的因素水平组合作为较优工艺条件。该法主要用于缺乏计算工具的场合。

(2)回归分析法。通过回归分析,可解决如下问题:

①得到因素与指标之间的回归方程;

②根据标准回归系数的绝对值大小,得出各因素对试验指标影响的主次顺序;

③由回归方程的极值点,可求得最优工艺条件。

第3章　统计验证试验设计
和序贯试验设计

　　验证是通过提供客观证据对规定要求是否已得到满足予以认定。军事装备的指标验证,是用试验的方法获得信息和数据,进而推断军事装备性能是否满足设计要求的过程。例如,在《装备型号可靠性维修性保障性技术规范》中定义"平均修复时间(MTTR)验证"是为确定型号是否达到规定的 MTTR 要求,由指定的试验机构进行的试验与评价工作。

　　军事装备指标验证试验,都是以统计理论为基础的。它是在考虑战术技术指标评价中的风险、精度或置信水平要求,以及试验中的各类因子与因子水平要求,合理选择试验样本量,通过观察样本的表现,推断(装备)总体是否满足要求的过程。统计验证试验设计,就是确定试验样本量。

　　序贯分析是数理统计与推断的一个分支。与前述统计验证试验确定试验样本量的方法不同,序贯试验采用序贯样本的方式,即试验前不确定样本量,而采用"试一试,看一看"的检验方式,直到得出试验结果。理论和实践证明,采用序贯检验方式,在很多情况下可以减少试验样本量。

3.1　统计验证试验设计

　　装备试验一般采用抽样检测或试验的方式,即从总体中抽取一定数量的样本进行试验,用得到的数据推断出总体的性能。由于试验的随机性和样本数量的有限性,用样本试验数据推断总体会有误差,存在出现错误的风险,置信水平随样本的不同可能会有变化。装备试验鉴定总是要求试验能控制在一定风险或一定置信水平下得出结论。解决此类试验的设计问题,确定满足要求的试验样本量,就是统计验证试验设计的问题。

可以证明,用样本参数估计总体参数时误差随试验样本量的增加而减小。例如,假设样本数据的方差为 σ^2,试验重复 n 次,当用样本均值估计参数时,则样本均值的方差为 σ^2/n,即样本均值的方差比样本数据的方差缩小了 $\frac{1}{n}$。如果 n 合理地大,试验误差就足够小,试验所获得的样本均值就更为精确。也就是说,在战技性能指标估计中,选择合适的试验样本量,就能满足试验精度的要求。

进行参数的置信区间估计时,当置信水平一定时,随着样本量的增加,置信区间会变小。图 3-1 所示为在总体分布为正态分布条件下,利用样本均值估计总体期望时,样本容量与密度函数、置信区间的关系。随着样本容量的增加,样本均值的密度函数趋于集中(统计量的方差减小),置信区间的宽度随着样本容量 n 的增加不断减小,并逐渐趋近于零。然而在实际中,受到试验经费、试验时间等的影响,样本容量不能无限增加。选择多大的样本容量才能满足试验鉴定的要求,这也是试验设计需要解决的问题。

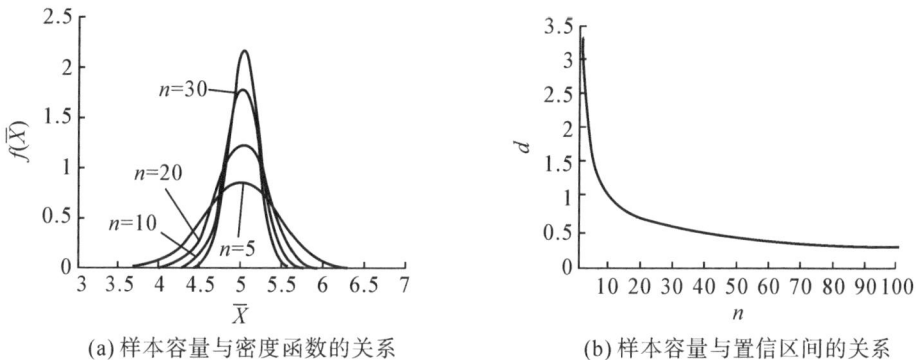

(a) 样本容量与密度函数的关系　　　　(b) 样本容量与置信区间的关系

图 3-1　密度函数、置信区间与样本容量的关系

新研制或生产的军事装备,其指标或性质是未知的。人们可根据经验或其他类似装备的情况对指标或性质提出假设,然后通过试验来检验假设的合理性。由于试验数据具有随机性,统计推断过程可能产生两类决策风险。第一类风险是将实际上成立的假设判断为不成立,这种风险的概率用 α 表示;第二类风险是将实际上不成立的假设判断为成立,这种风险的概率用 β 表示。如何设计试验,使两类风险发生的概率控制在允许的范围内,这是统计验证试验设计问题,是数学上的假设检验问题。

同样,在战术技术指标的假设检验中,增加样本容量可以降低研制方风险(α)和使用方风险(β)。由于试验目的、试验成本、试验时间等一系列问题,试验样本量不可能无限增大。图 3-2 展示了在正态分布均值的假设检验中,根据给定的研制方风险,给出了随着样本容量的变化,使用方风险的变化趋势。图 3-2(a)描述了样本容量分别为 5、10、20、30 时,原假设 H_0 与备择假设 H_1 成立条件下样本均值的分布情况。由图可见,随着样本容量的增加,两类分布重合部分的面积减小,从而实现了两类风险水平同时降低。图 3-2(b)描述了在给定研制方风险要求下,随着样本容量的变化,使用方风险的变化情况。可见,随着样本容量的增加,使用方风险逐渐减小,并逐渐趋近于 0。

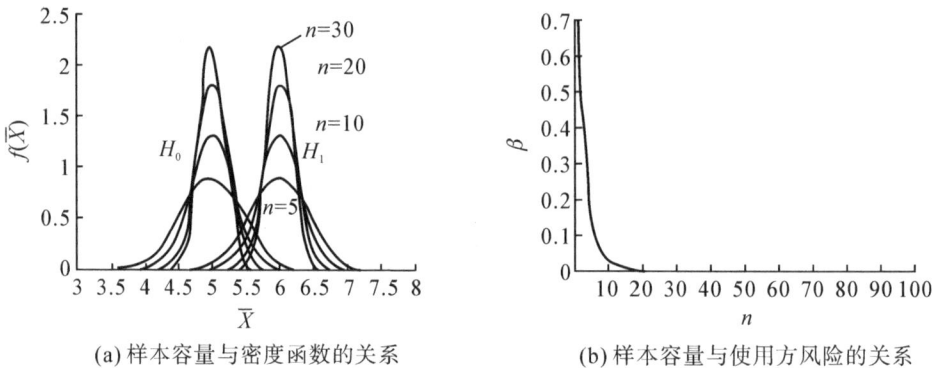

(a) 样本容量与密度函数的关系　　　　(b) 样本容量与使用方风险的关系

图 3-2　密度函数、风险与样本容量的关系

3.1.1　装备技术参数指标值估计的试验设计

在装备试验鉴定中,通常会给出装备的技术参数指标要求,然后通过抽样试验来验证装备总体是否满足这些指标要求。由于抽样试验中随机因素的影响,试验结果具有随机性误差。如何抽取试验样本,使误差控制在要求的范围之内,这是一类统计验证试验设计问题。

用点估计值估计未知参数,虽然简单明了,但是由于未知参数是随机变量,用一个确定的数值描述它是不完全的,因而装备的指标参数要求是在一定的置信水平下的一个区间。如何抽取试验样本,检验装备的指标在要求的置信水平下是否满足要求,是另一类统计验证试验设计问题。

在装备试验中,很多指标的分布都是正态分布或可用正态分布近似,如炮弹的射击精度、试验测试的误差、最大射程等。因此,正态分布的参数估计验证试验是最常需要的试验设计之一。

假定装备性能参数的试验结果 X 为服从正态分布的连续变量,即 $X \sim N(\mu, \sigma^2)$。其中,μ 为正态分布的期望,σ^2 为正态分布的方差。

1. σ 已知,μ 估计的设计

假设样本为 $X_i(i = 1, 2, \cdots, n)$,用样本均值估计 μ,有 $\hat{\mu} = \bar{X} = \dfrac{1}{n} \sum\limits_{i=1}^{n} X_i$。

由正态分布的性质,$\bar{X}$ 为服从正态分布的随机变量

$$\bar{X} \sim N(\mu, \sigma^2/n) \tag{3-1}$$

即

$$\sigma_{\bar{X}} = \frac{\sigma}{\sqrt{n}} \tag{3-2}$$

(1)当提出相对误差要求 λ 时

$$\sigma_{\bar{X}} = \lambda = \frac{1}{\sqrt{n}} \tag{3-3}$$

则试验的样本容量为 $n \geqslant \dfrac{1}{\lambda^2}$ 的整数。

(2)当提出绝对误差要求 d 时

$$\sigma_{\bar{X}} \leqslant d \tag{3-4}$$

则试验的样本量为 $n \geqslant \left(\dfrac{\sigma}{d}\right)^2$ 的整数。

(3)当要求 μ 的估计区间为 $[\bar{X} - \varepsilon, \bar{X} + \varepsilon]$,置信水平为 $1 - \alpha$ 时,由 $\bar{X} \sim N(\mu, \sigma^2/n)$,令 $U = \dfrac{\bar{X} - \mu}{\sigma/\sqrt{n}}$ 并置换,则 $U \sim N(0, 1)$。令 $\varepsilon = u_{\alpha/2} \dfrac{\sigma}{\sqrt{n}}$,式中 $u_{\alpha/2}$ 为标准正态分布的双侧分位数。

$$n = \frac{u_{\alpha/2}\, \sigma^2}{\varepsilon^2} \tag{3-5}$$

2. σ 未知的情况

σ 未知,但误差以相对误差形式给出时,样本容量仍为 $n \geqslant \dfrac{1}{\lambda}$。

σ 未知,误差以绝对误差形式给出,这时我们可以根据经验给出总体的标准偏差 S,样本量按式(3-6)计算:

$$n \geqslant \left(\frac{S}{d}\right)^2 \qquad (3-6)$$

σ 未知,要求 μ 的估计区间为 $[\bar{X}-\varepsilon, \bar{X}+\varepsilon]$,置信水平为 $1-\alpha$ 时,用 S^2 代替 σ^2 (S^2 是 σ^2 的无偏估计),则

$$T = \frac{\bar{X}-\mu}{S/\sqrt{n}} \sim t(n-1) \qquad (3-7)$$

对于置信水平 $1-\alpha$,按自由度 $n-1$ 查 t 分布表,求得 $t_\alpha/2(n-1)$,有

$$P\left\{\bar{X}-t_{\alpha/2}(n-1)S/\sqrt{n} \leqslant u \leqslant \bar{X}+t_{\alpha/2}(n-1)S/\sqrt{n}\right\} = 1-\alpha$$

所以
$$\varepsilon = t_{\alpha/2}(n-1)\frac{S}{\sqrt{n}}$$

$$n = \frac{t_{\alpha/2}^2(n-1)S^2}{\varepsilon^2} \qquad (3-8)$$

3.1.2 装备指标假设检验的试验设计

假设检验是由样本推断总体的另一种方法,与估计问题不同。它首先根据问题的需要对所研究的总体提出某种假设,然后根据试验所得的数据对假设的真伪进行判断,从而得出结论。在假设检验中,对总体或总体参数的具体数值所作的陈述称为假设。而假设检验,就是先对总体的参数(或分布形式)提出某种假设,然后利用样本数据判断假设是否成立的过程。假设检验分为参数检验和非参数检验。参数检验,就是已知总体 X 的分布类型,但不知分布中的参数,对总体参数设为假设进行检验。非参数检验问题,就是总体分布类型未知,将总体分布或总体的数字特征做出某一假设,利用样本数据对其真伪进行检验。本节讨论的装备指标的假设检验属于参数假设检验。

与数学分析和确定性逻辑中的证明和推断不同,统计假设检验不能完全采用逻辑上的反证法,而是采用概率性质的反证法。它的理论基础是小概率原理。小概率原理可表述为:小概率事件在一次试验中基本上不会发生。统计假设检验的基本思想是:先提出假设,再用适当的统计方法确定假设成立的可能性大小;如果可能性小则认为假设不成立,如果可能性大则不能拒绝所提出的假设成立(但也不能认为假设肯定成立)。

1. 两类错误与两类风险

假设要检验的参数 $\theta = \theta_0$,当 θ 不取 θ_0 时,可取 $\theta = \theta_1, \theta_2, \cdots$。假定 θ 的这

些取值都是假设,对要验证的值记为 $H_0:\theta=\theta_0$,称为原假设或零假设(也有资料称为解消假设),而参数取其他值称为备择假设,记为 $H_1:\theta=\theta_1,\theta=\theta_2,\cdots$,本书只讨论备择假设只有一个的情况,记为 $H_1:\theta=\theta_1$。

在进行假设检验时,由于样本数据的随机性,当 H_0 正确时,小概率事件也可能发生,并不是绝对不发生。因此,当 H_0 本来是正确,而在事件发生后,却错误地否定了 H_0,这类"弃真"的错误为第一类错误,犯第一类错误的概率称为显著性水平 α;另一类错误是,当 H_0 不真时,也可能接受 H_0,这种"取伪"的错误为第二类错误,第二类错误出现的概率记为 β。

用数学语言描述就是:设 X 为一个总体,θ 为总体 X 的密度函数中所含的未知参数 $(x_1,x_2,\cdots)$ 为 X 的样本,作假设

$$H_0:\theta=\theta_0$$

为检验此假设,先构造一个统计量 U(U 是随机变量,是样本的函数),给出一个小概率 α(称为显著性水平),用统计分析方法求出在 H_0 成立的条件下,使 $P\{U\in\Omega\}\leqslant\alpha$ 的一个区域 Ω。于是观察 U 的值 u,如果

$$U\in\Omega,则拒绝 H_0$$

$$U\notin\Omega,则不能拒绝 H_0$$

$P\{U\in\Omega/H_0\text{成立}\}=\alpha$ 就是犯第一类错误的概率,也称弃真概率;$P\{U\notin\Omega/H_1\text{成立}\}=\beta$ 就是犯第二类错误的概率,也称取伪概率。

以上以 $H_0:\theta=\theta_0$ 作为原假设,实际中可能的原假设为

$$H_0:\theta=\theta_0,H_1:\theta\neq\theta_0,这类检验为双边检验$$

$$H_0:\theta\geqslant\theta_0,H_1:\theta<\theta_0,这类检验为左边检验$$

$$H_0:\theta\leqslant\theta_0,H_1:\theta>\theta_0,这类检验为右边检验$$

对于装备试验鉴定来说,α 越小,拒绝 H_0 的说服力越强,犯第一类错误的概率越小。但对于固定的试验样本量 n,减小 α 则同时又增大了 β,即减小犯第一类错误的概率必然增大犯第二类错误的概率。同样,对于固定的试验样本量 n,减小 β 必然使 α 增大。对于固定的试验样本量 n,如果 α 选定了,那么 β 也就随之确定了。

如果希望同时减小犯两类错误的概率,使研用双方风险都小,就必须增大试验样本量。对于给定要求的 α、β 值,如何选择合适的试验样本量 n,满足要求的两类错误,这又是一类统计验证试验问题。

2. 二项分布的验证试验设计

1)二项分布及装备试验中的二项分布

若随机变量 X 的所有可能取值为 $0,1,2,\cdots,n$,其概率分布为

$$P\{X=k\}=C_n^k p^k q^{n-k} \tag{3-9}$$

式中,$0<p<1,q=1-p$,则称 X 服从参数为 n 和 p 的二项分布,记作 $X \sim B(n,p)$。

在装备试验中,如果试验结果只有两种,例如成功和失败、合格与不合格、中靶与未中靶等,它的分布就是二项分布。式(3-9)中 n 是试验次数或抽取样品数,k 是成功数或合格样品数,p 是产品合格率或成功率等。这时式(3-9)还可表示为

$$P\{X=k\}=C_n^k p^k (1-p)^{n-k} \tag{3-10}$$

如果选择 n 次试验中成功次数 U 作为统计量,则有

$$P\{U\leqslant u\}=\sum_{k=0}^{u} C_n^k p^k (1-p)^{n-k} \tag{3-11}$$

如果选择 n 次试验中失败次数 F 作为统计量,则有

$$P\{F\leqslant f\}=\sum_{i=0}^{f} C_n^i p^{n-i} (1-p)^i \tag{3-12}$$

2)有 α、β 要求时的验证试验方案设计

设二项分布参数假设检验的零假设和备择假设为

$$H_0:p=p_0,H_1:p=p_1 \tag{3-13}$$

第一类风险要求不超过 α ,第二类风险不超过 β ,则要求的试验次数应满足式(3-14):

$$\begin{cases} P\{H_1 \mid H_0\}=1-\sum_{i=0}^{f} C_n^i {p_0}^{n-i} (1-p_0)^i \leqslant \alpha \\ P\{H_0 \mid H_1\}=\sum_{i=0}^{f} C_n^i {p_1}^{n-i} (1-p_1)^i \leqslant \beta \end{cases} \tag{3-14}$$

式中:n 为试验样本数;f 为接受 H_0 的判据(当试验中失败次数小于等于 f 时接受 H_0 ,否则拒绝 H_0)。

求解式(3-14),可得出满足研用双方风险的试验次数 n。式(3-14)可用迭代法求解,并且 n、f 必须为整数。

3) 有 γ 要求的试验方案设计

对于成败型试验而言,试验方案设计就是计算得出在给定成功概率 P 的置信下限 P_1、失败产品数 f、置信水平 y 要求下所需的样本容量 n。

n 的计算分为两种情况:

(1) 当 $f = 0$ 时,根据置信下限的定义和式(3 - 12),试验样本量 n 应是满足式(3 - 15)的最小整数:

$$n \geqslant \frac{\ln(1-\gamma)}{\ln p_1} \tag{3-15}$$

(2) 当 $f \neq 0$ 时,应由式(3 - 16)解出 n:

$$\sum_{i=0}^{f} C_n^i p_1^{\,n-i} (1-p_1)^i = 1 - \gamma \tag{3-16}$$

取试验样本量 $N \geqslant n$ 的正整数。

由于求解上式有时很复杂,工程中可根据《数据的统计处理和解释二项分布可靠度单侧置信下限》(GB/T 4087—2009)提供的参考表,通过置信水平 (γ)、失效概率 (p_1) 及失效数 (f_1) 等参数直接查得所需样本量 (n)。

4) 有 a、β、γ 要求的试验方案设计

当装备战术技术指标试验鉴定要求中同时具有假设检验的两类风险要求、置信水平与置信下限要求时,就需要进行联合考虑,联合求解式(3 - 14)和式(3 - 16),得到

$$\begin{cases} P\{H_1 \mid H_0\} = 1 - \sum_{i=0}^{f} C_n^i p_0^{\,n-i} (1-p_0)^i \leqslant \alpha \\[2mm] P\{H_0 \mid H_1\} = \sum_{i=0}^{f} C_n^i p_1^{\,n-i} (1-p_1)^i \leqslant \beta \\[2mm] \sum_{i=0}^{f} C_n^i p_1^{\,n-i} (1-p_1)^i = 1 - \gamma \end{cases} \tag{3-17}$$

实际工作中先由前两式根据要求的 α、β 和 p_0、p_1 求出满足要求的 n、f 组,然后在其中选择满足第三式的方案就是能满足要求的试验方案。

3. 正态分布的参数假设检验试验设计

设某装备试验的结果服从正态分布,分布密度为 $X \sim N(\mu, \sigma^2)$,即

$$f(x) = \frac{1}{\sqrt{2\pi}\sigma} e^{-\frac{(x-\mu)^2}{2\sigma^2}}$$

1)正态总体的样本的线性函数和样本均值的分布

定义:设总体 $X \sim N(\mu, \sigma^2)$，$(x_1, x_2, \cdots, x_n)$ 是 X 的一个样本，构造统计量

$$U = a_1 x_1 + a_2 x_2 + \cdots + a_n x_n = \sum_{i=1}^{n} a_i x_i \qquad (3-18)$$

则 U 也服从正态分布，其均值和方差分别为

$$E(U) = \mu \sum_{i=1}^{n} a_i, D(U) = \sigma^2 \sum_{i=1}^{n} a_i^2$$

即

$$U \sim N(\mu \sum_{i=1}^{n} a_i, \sigma^2 \sum_{i=1}^{n} a_i^2) \qquad (3-19)$$

特别的，$a_i = \dfrac{1}{n}$，式(3-18)即为样本均值，其分布同样是正态分布，且

$$\overline{X} \sim N(\mu, \sigma^2/n) \qquad (3-20)$$

2）χ^2 分布

定义:设 $(x_1, x_2, \cdots, x_n)$ 是标准正态总体 $N(0,1)$ 的样本，统计量 $\chi^2 = x_1^2 + x_2^2 + \cdots + x_n^2$ 服从的分布称为自由度为 n 的 χ^2 分布，记为 $\chi^2 \sim \chi^2(n)$。

3）t 分布

定义:设 $X \sim N(0,1)$，$Y \sim \chi^2(n)$，X 与 Y 互相独立，则变量

$$T = X / \sqrt{\frac{Y}{n}}$$

所服从的分布为自由度为 n 的 t 分布，记为 $T \sim t(n)$。

4）概率分布的分位数

定义:对总体 X，如果 α 满足 $0 < \alpha < 1$，称满足 $P\{X > x_\alpha\} = \alpha$ 或 $P\{X \leqslant x_\alpha\} = 1 - \alpha$ 的点为 X 的上侧分位数。如果有两数 λ_1、λ_2 满足 $P\{X > \lambda_1\} = \alpha/2$，$P\{X < \lambda_2\} = \alpha/2$，则称 λ_1、λ_2 为 X 的双侧 α 分位数。

对于标准正态分布 $X \sim N(0,1)$、χ^2 分布、t 分布，其上侧分位数都可通过标准统计分布表查得。

3.2 序贯试验设计

序贯试验设计是一种动态的统计试验方法，其特点是在试验过程中逐步

收集数据,并根据已获得的结果决定后续试验的步骤或终止条件。与固定样本量的传统试验相比,序贯设计能够更高效地达到统计目标(如显著性结论或参数估计),同时可能减少样本量或试验成本。

3.2.1　黄金分割法

黄金分割法,又称 0.618 法、折纸法。一般适用于对试验总次数预先不做规定、每次做一个试验的情况。

例 3-1　为了改善某油品的性能,需在油品中加入一种添加剂,其加入量在 200~400 g/t,试确定添加剂的最佳加入量。

解:这里考察因素只有添加剂加入量一个,总试验次数不限,可采用 0.618 法。

第一,确定第一个试验点。如图 3-3 所示,取一张纸条,其刻度为 200~400 g,在纸条全长的 0.618 处画一条直线,在该直线所指示的刻度上做第一次试验,即按 323.6 g 做试验①。

全长的0.618处

①

200 g　　　　　　323.6 g　　　　400 g

图 3-3　试验点选取示意图

第二,确定第二个试验点。用对折法,以中点 300 g 为准将纸条依中对折,如图 3-4 所示,找出对折后与 323.6 g 相对应的点划第二条线。第二条线的位置正好在纸条全长的 0.382 处,该点刻度为 276.4 g,即按 276.4 g 做试验②。

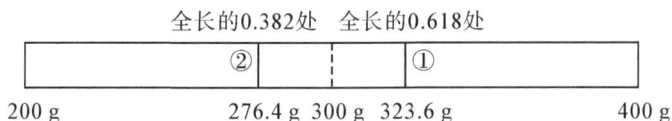

全长的0.382处　全长的0.618处

② 　　①

200 g　　　　276.4 g 300 g 323.6 g　　　　400 g

图 3-4　试验②示意图

第三,比较试验①和试验②的结果,若试验②比试验①效果好,则在 323.6 g 处把纸条右边一段剪去(若试验①比试验②效果好,则在 276.4 g 处把纸条左边一段剪去)。剪去一端,余下的纸条再重复上面的对折法,找出第三个试验点 247.2 g 做试验③,如图 3-5 所示。

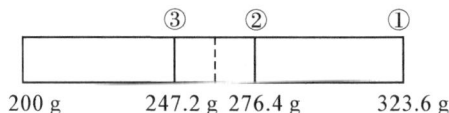

图 3-5 试验③示意图

第四,比较试验②和试验③的结果,如果仍然是试验②比试验③好,则将 247.2 g 左边一段剪去,余下依中对折,找出第四个试验点 294.4 g 做试验④,如图 3-6 所示。

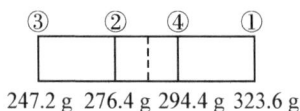

图 3-6 试验④示意图

第五,比较试验②和试验④再剪去一端,按对折法,依次往后不断确定新的试验点。每往后进行一次试验,都比前一次更加接近所需要的加入量。

本例共做了 8 次试验,如图 3-7 所示,试验⑤⑥⑦⑧在纸条上所示的位置分别为 265.2 g、283.2 g、287.6 g、280.8 g,当做到第 8 次试验时,认为已取得较满意的结果,另外,剩余的试验范围已很小,重新试验的结果相差不大,因此可以终止试验。经过比较,最后获得添加剂的最佳加入量为 280.8 g。此法试验精度相当于均分法 80 多次,提高工效 10 多倍,节约了大量人力和物力。

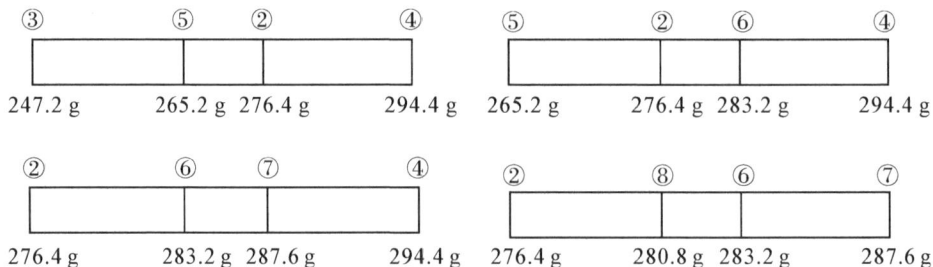

图 3-7 试验示意图

由例 3-1 可总结出:

(1)0.618 法是在给定的试验范围内确定的最佳点。若试验范围估算不准确,那么就会失去运用该方法的意义。因此需根据专业知识和实践经验仔细估算试验范围,以寻找出最佳的试验结果。

(2)采用 0.618 法安排试验,每次剪掉的纸条长度都是上次的 0.382,而留下来的纸条长度是上次的 0.618。无论剪掉左边还是右边,都将中间一段保留下来,而且随着试验的一次次进行,中间段的范围越来越小,试验过的较好点一步又一步接近试验所要寻求的最优点。

(3)除了第 1 次需做 2 个试验外,其余每次只做一个新试验。

(4)在实际操作时,每次试验所取的数值,可以采用以下简便公式计算:

第一个试验点,应取数值为:小头＋0.618(大头－小头)

以后各次试验点应取数值为:大头＋小头－前次留下的试验点,简单说就是加两头,减中间。

例 3－1 中的试点计算如下:

第一次试验点＝200 g＋0.618×(400 g－200 g)＝323.6 g

第二次试验点＝400 g＋200 g－323.6 g＝276.4 g

第三次试验点＝323.6 g＋200 g－276.4 g＝247.2 g

第四次试验点＝323.6 g＋247.2 g－276.4 g＝294.4 g

例 3－2　某电化学反应中电流对电解产物的产率影响存在最佳值,试用黄金分割法确定最佳电流值,试验范围为 5～40 mA。

解:试验过程如图 3－8 所示,②优于①,②优于③,②优于④,②优于⑤,⑥优于②,最佳电流值为 19.56 mA。6 次试验误差 19.56－18.37＝1.19 mA。采用均分法达到该精度的试验次数为 (40－5)/1.19≈29 次。

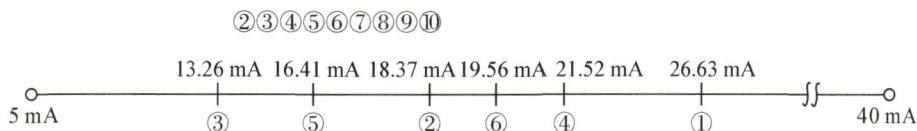

图 3－8　试验过程示意图

3.2.2　分数法

分数法的原理与 0.618 法完全一样,预先规定了试验总次数的情况,我们就要用分数法。分数法与 0.618 法的不同仅在于第一次试验点的选取方法不同。

斐波那契数列:1,1,2,3,5,8,13,21,34,55,…。

递推关系:$F_1=1,F_2=1,F_{n+2}=F_n+F_{n+1}$。

数列:1,1/2,2/3,3/5,5/8,8/13,13/21,21/34,…渐近 0.618。

步骤如下:

如试验范围已定,要求只做 n 次试验,分数法的第一个试验点是在试验范围全长的 F_{n+1}/F_{n+2} 位置进行。

后面的试验点的选取,均按 0.618 法步骤依次进行,直到做完 n 次试验,即可得到 n 次试验中的最佳试验方案。

例 3-3 某化学反应的反应温度范围为 120～200 ℃,要求只进行 4 次试验,找出最好的试验结果。

解:已知总试验次数: $n=4$。

由斐波那契数列得知 $F_{n+2}=F_6=8$, $F_{n+1}=F_5=5$,于是按分数法应在试验范围总长的 $F_{n+1}/F_{n+2}=\dfrac{5}{8}$ 处安排做第一次试验,即第一试验点①是在

$$120\ ℃+(200\ ℃-120\ ℃)\times\frac{5}{8}=170\ ℃$$

用"加两头,减中间"计算可得第二次试验点②为

$$200\ ℃+120\ ℃-170\ ℃=150\ ℃$$

比较试验①、试验②结果,发现试验②好,去掉 170 ℃ 以上部分,对余下部分求得第三试验点③为

$$170\ ℃+120\ ℃-150\ ℃=140\ ℃$$

在第 2 等份处做试验③,比较试验②、试验③结果,仍是试验②好,去掉 140 ℃ 以下部分,对余下部分求第四试验点为

$$170\ ℃+140\ ℃-150\ ℃=160\ ℃$$

在第 4 等份处做试验④,比较试验②、试验④结果,还是试验②好,故最后确定 150 ℃ 是 4 次试验中较好的反应温度,如图 3-9 所示。

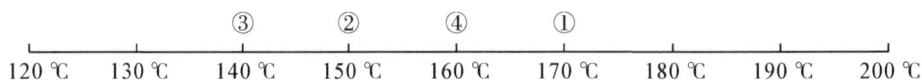

图 3-9 试验过程示意图

例 3-4 某厂对锅炉结垢进行清洗,选用敲下来的垢片做试验,放入质量分数 17%、10% 的盐酸液内沸煮,17% 的需要 180 min 溶解,10% 的需 130 min 溶解。接着,又做了一次 30% 的试验,沸煮 300 min 垢仍不溶解,说明高浓度不好。因此,决定选取 2%～10% 的区间,限定做 4 次试验,用分数法进行优选。

解:把试验范围分 8 等份,先后在 7%、5%、4%、6% 的盐酸溶液中共做 4

次试验。比较各次试验结果,采用 6% 的盐酸液除垢效果最佳。试验安排及试验结果如图 3-10 和表 3-1 所示。

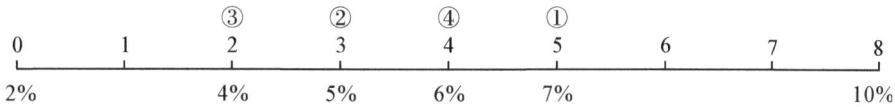

图 3-10 试验过程示意图

表 3-1 试验结果

实验号	盐酸质量分数/%	解垢时间/min
①	7	105
②	5	80
③	4	125
④	6	75

3.2.3 对分法

前面介绍的几种方法都是先做两个试验,再通过比较,找出最好点所在的倾向性来不断缩小试验范围,最后找到最佳点。但不是所有的问题都要先做两点,有时试验是朝一个方向进行的,无须对比两个试验结果。

例如,称量质量为 20~60 g 某种样品时,第一次砝码的质量为 40 g,如果砝码偏轻,则可判断样品的质量为 40~60 g,于是第二次砝码的质量改为 50 g,如果砝码又偏轻,则可判断样品的质量为 50~60 g,接下来砝码的质量应为 55 g,如此称下去,直到天平平衡为准。称量过程如图 3-11 所示。

图 3-11 对分法试验过程

这个称量过程就使用了对分法,也叫平分法,每个试验点的位置都在试验区间的中点,每做一次试验,试验区间长度就缩短一半,可见,对分法不仅分法简单,而且能很快地逼近最好点。

但不是所有的问题都能用对分法,只有符合以下两个条件时才能使用。

(1)要有一个标准(或具体指标)。对分法每次只有一个试验,如果没有一个标准,就无法鉴别试验结果是好还是坏。在上述例子中,天平是否平衡就是一个标准。

（2）要预知该因素对指标的影响规律。也就是说，能够从一个试验的结果直接分析出该因素的值是取大了还是取小了。如果没有这一条件就不能确定舍去哪段，保留哪段，也就无法开始做下一次试验。对于上例，可以根据天平倾斜的方向来判断是砝码重，还是样品重，进而判断样品的质量范围，即试验区间。

例 $3-5$　某润滑油加入 6.6% 的复合添加剂后质量符合要求，为了降低成本，在保证润滑油质量的前提下，试选择复合添加剂的最佳加入量。

解：试验可使用对分法进行安排。假如当复合添加剂加入量小于 1.8% 时，该种润滑油质量即不合格，故试验范围为 $1.8\% \sim 6.6\%$。在这范围内对分取其中点，即添加剂加入量为 4.2% 时做第一次试验，如果质量仍然合格，则舍去 $4.2\% \sim 6.6\%$ 这一段，在余下的 $1.8\% \sim 4.2\%$ 中再取中点，即 3.0% 做第二次试验，结果如不合格，则舍去 $1.8\% \sim 3.0\%$ 这一段；在 $3.0\% \sim 4.2\%$ 这一段再取中点进行试验，直到找到最佳点为止，如图 $3-12$ 所示。

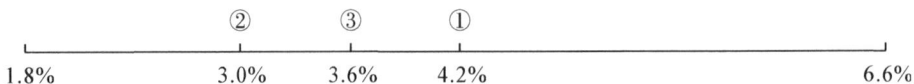

| | ② | ③ | ① | |
| 1.8% | 3.0% | 3.6% | 4.2% | 6.6% |

图 3-12　对分法试验示意图

由于对分法每次舍去的是原来试验范围的一半，因此较之 0.618 法可以缩短整个试验的总周期。

3.2.4　抛物线法

不管是黄金分割法，还是分数法，都是通过比较两个试验结果的好坏，逐步找出最好点。如果试验结果是定量处理的，那么显然试验结果的数值，即目标函数值本身的大小，并没有在优化方案中被考虑利用。

抛物线法是根据已得的三个试验数据，找到这三点的抛物线方程，然后求出该抛物线的极大值，作为下次试验的根据。用抛物线法可使试验进一步深化，对最优点的位置作出更准确的估计。

如图 $3-13$ 所示，设在 x_1、x_2、x_3 三点上做试验，其结果分别为 y_1、y_2、y_3。通过 xOy 平面上的三点 (x_1, y_1)、(x_2, y_2)、(x_3, y_3) 作抛物线逼近曲线，抛物线的顶点 (x_0, y_0) 就可能近似于试验曲线的最优点。

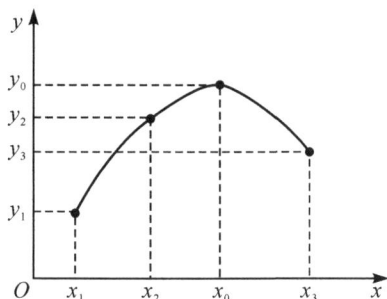

图 3 - 13　抛物线法试验示意图

如果将下次试验安排在抛物线顶点的横坐标 x_0 处，便可得到最佳的试验结果 y_0，此方法常被称为优选法的"最后一跃"。

用拉格朗日插值法可得上述三点的抛物线方程为

$$y = y_1 \frac{(x-x_2)(x-x_3)}{(x_1-x_2)(x_1-x_3)} + y_2 \frac{(x-x_1)(x-x_3)}{(x_2-x_1)(x_2-x_3)} + y_3 \frac{(x-x_1)(x-x_2)}{(x_3-x_1)(x_3-x_2)}$$

抛物线的顶点横坐标为

$$x_0 = \frac{1}{2} \cdot \frac{y_1(x_2^2-x_3^2) + y_2(x_3^2-x_1^2) + y_3(x_1^2-x_2^2)}{y_1(x_2-x_3) + y_2(x_3-x_1) + y_3(x_1-x_2)}$$

在 $x = x_0$ 处得到试验结果 y_0 后，若需继续试验，则在 (x_0, y_0) 和它相近的两点做新的抛物线，以求最优点。

此方法最适用于中间高、两头低，或中间低、两头高的二次抛物线情况。

粗略地说，如果穷举法（在每个试验点上都做试验）需要做 n 次试验，达到同样的效果，黄金分割法只要数量级 $\lg n$ 次就可以达到，抛物线法效果更好些，只要数量级 $\lg(\lg n)$ 次。

3.2.5　多因素优选法

1. 最陡坡法

众所周知，登山时若沿最陡坡攀登，路线将最短。同样，试验指标的变化速率也可视为一种"坡度"。最陡坡法，就是要沿试验指标变化最快的方向寻找最优条件。

1）试验步骤

（1）查找最陡坡。利用多因素二水平正交试验，可以获得各因素的极差值。极差的相对大小，反映了因素的水平变化对试验指标的影响程度，也即因素效应的相对大小。因素的效应代表了该方向上指标的变化率,即坡度。调优过程中,应使各因素水平的变动幅度与各自效应的大小成比例,这就是最陡坡。

(2)沿最陡坡"登山"。沿着已确定的最陡方向安排一批试点,逐步调优,直至试验指标不再改进为止。

(3)检验顶点位置。以"登山"时找到的最优试点为中心,重新安排一组正交试验,检验该处是否已达"山顶",如果不是,就要找出新的最陡方向,继续"登山"。

例 3-6 某褐铁矿试样,粒度范围为 $0.1 \sim 3$ mm,原矿品位为 41% (Fe)。现采用淘汰法进行选矿试验,要求精矿品位达到 $49\% \sim 50\%$ (Fe)。请用最陡坡法寻求最优工艺操作条件。

解:先要查找最陡坡。

需考查的因素:人工床层厚度(A);筛下水量(B);冲程(C);试料层厚度(D)。

利用二水平正交试验寻找最陡坡。选用正交表 $L_8(2^7)$,安排四个因素。这样的试验设计方案可保证全部主效应均不被混杂,而仅交互作用项相互混杂,因而有利于正确地找到最陡坡。

基点(中心点)的试验条件:$A_0 = 60$ mm;$B_0 = 7.06$ m^3/(m$^2 \cdot$ h);$C_0 = 7.5$ mm;$D_0 = 45$ mm。

步长——相邻两试验点间取值的间距。由于基点的水平编码为0,故它同高水平点(+1)和低水平点(-1)的间距均为"半步"。设以 S 表示步长,各因素的步长定为:$S_A = 30$ mm;$S_B = 2.38$ m^3/(m$^2 \cdot$ h);$S_C = 3.0$ mm;$S_D = 30$ mm。

于是可将各因素水平的实际取值汇总如表 3-2 所示。

表 3-2　各因素水平的实际取值

水平	因素			
	A/mm	B/[m^3/(cm$^2 \cdot$ h)]	C/mm	D/mm
-1	45	5.87	6.0	30
0	60	7.06	7.5	45
+1	75	8.25	9.0	60

试验结果如表 3-3 所示。试验考察指标为精矿品位，即 Fe 含量。

表 3-3 试验结果

实验号	1	2	3	4	5	6	7	精矿品位
	A	B	$A \times B$ $C \times D$	C	$A \times C$ $B \times D$	$B \times C$ $A \times D$	D	$E/\%$
1	-1	-1	$+1$	-1	$+1$	$+1$	-1	45.26
2	$+1$	-1	-1	-1	-1	$+1$	$+1$	47.47
3	-1	$+1$	-1	-1	$+1$	-1	$+1$	45.92
4	$+1$	$+1$	$+1$	-1	-1	-1	-1	45.88
5	-1	-1	$+1$	$+1$	-1	-1	$+1$	43.79
6	$+1$	-1	-1	$+1$	$+1$	-1	-1	43.79
7	-1	$+1$	-1	$+1$	-1	$+1$	-1	43.21
8	$+1$	$+1$	$+1$	$+1$	$+1$	$+1$	$+1$	44.35
$K_{(+1)}$	181.49	179.36	179.28	175.14	179.32	180.29	181.53	
$K_{(-1)}$	178.18	180.31	180.39	184.53	180.35	179.38	178.14	$T=359.67$
ΔK	3.31	-0.95	-1.11	-9.39	-1.03	0.91	3.39	

最陡坡的确定如下。

C、D、A 三因素主效应的比值为 $\Delta K_C : \Delta K_D : \Delta K_A = (-9.39) : 3.39 : 3.31 = (-1) : 0.36 : 0.35$。

要保证 C、D、A 三因素同步变化，则它们的步长变化幅度就应该按照上述比例进行，即 C 因素减小 1 步，D 因素和 A 因素分别增大 0.36 步和 0.35 步。

现选定冲程 C 的新步长 $S_C' = 1$ mm，$S_C' : S_C = 1 : 3$，即 C 的新步长相当于原步长的 1/3，那么就可算出：

试料层厚度 D 的新步长为 $S_D' = 0.36 \times (S_C'/S_C) \times S_D = 0.36 \times (1/3) \times 30$ mm $= 3.6$ mm。

人工床层厚度 A 的新步长为 $S_A' = 0.35 \times (S_C'/S_C) \times S_A = 0.35 \times (1/3) \times 30$ mm $= 3.5$ mm。

需要注意，因素 C 的效应为负值，因素 D 和 A 的效应为正值，故"登山"时 C 取值需减小，而 D 和 A 取值需增大。

确定了最陡坡的方向和前进的步长后，就可以沿最陡坡"登山"了。

以原正交试验中的最优试验点 2 作为"登山"起点，该点的条件为 $A_{(+1)} =$

75 mm，$B_{(-1)}=5.87$ m³/(m² · h)，$C_{(-1)}=6.0$ mm，$D_{(+1)}=60$ mm。新试验 9 的条件为：$A=75$ mm$+3.5$ mm$=78.5$ mm，$C=6.0$ mm-1.0 mm$=5.0$ mm，$D=60$ mm$+3.6$ mm$=63.6$ mm。依次可算出试验 10、11 的条件。各点的试验条件和结果均已综合列入表 3-4。试验结果表明，最优试点为试验 10，相应的操作条件为人工床层厚度 A 为 82 mm，筛下水量 B 为 5.87 m³/(m² · h)，冲程 C 为 4 mm，试料层厚度 D 为 67.2 mm。

表 3-4　各点的试验条件和结果

实验号	人工床层厚度 A /mm	筛下水量 B /[m³/(m² · h)]	冲程 C /mm	试料层厚度 D /mm	精矿品位 E /%
2	75.0	5.87	6.0	60.0	47.47
9	78.5	5.87	5.0	63.6	47.54
10	82.0	5.87	4.0	67.2	49.70
11	85.5	5.87	3.0	70.8	48.60

2）应用条件

采用最陡坡法要注意其应用条件。

（1）目标函数为单峰函数，即只有一个极大值。

（2）在试验范围内响应面接近斜面，而没有突然的转折点。

一般来说，若目标函数对工艺条件的变化很敏感，就可能出现突变点。此时，若采用二水平的正交试验，就不易找到"坡度"。

（3）在寻找最陡坡时所选用的两个水平必须落在"山坡"上，而不是落在"山脚"外或横跨"山岭"。

只有满足了以上三项条件，才能将试验范围内的响应面方程近似地看作线性方程，并按线性模型寻找最陡坡。

2. 单纯形法

1）单纯形法特点

单纯形法（simplex）又称单纯形优化法，是一种动态寻优方法。它能在交互作用复杂，因素较多的场合使用，对试验有全面优化的效果，克服了单因素优化法无法考虑各因素间的交互影响、准确性低、工作量大的缺点。它能在试验次数较少的情况下，快速地找出最佳条件组合。

单纯形法的优点是计算比较简单,不论因素多少,除了第一步需安排 $n+1$ 个试验点以外,以后每一步只需安排一个新试验点,且可随时调整最优方向,因而调优速度很快。

单纯形法的试验点数很少,但因为是序贯试验,所以试验批次很多。单纯形法每一步的试验安排都要依赖上一步的试验结果,不像最陡坡法那样一次可以安排好几步试验,因而时间上不一定节省。

2)基本单纯形法

单纯形是指多维空间中的一种凸图形,它的顶点数仅比空间的维数多 1。二维空间的单纯形是三角形;三维空间的单纯形是四面体,每个面是一个三角形;n 维空间的单纯形则是由 $n+1$ 个顶点构成的超多面体。

空间多面体各顶点就是试验点。比较各试验点的结果,去掉最坏的试验点,取其对称点作为新的试验点,该点称为"反射点"。新试验点与剩下的几个试验点又构成新的单纯形。新单纯形向最佳目标点不断靠近,最后找出最优目标点。

第4章 装备作战分析与评估方法

    装备作战分析是指在综合考虑可用性、兼容性、可运输性、互操作性、安全性、后勤可保障性、自然环境效果与影响、文件和训练要求等因素的基础上,评估装备能否被有效投入作战使用并持续保持其作战效能的过程。其核心是衡量装备在作战使用、技术性能、综合保障等方面满足规定要求的特性和功能。

    装备作战分析的内容主要包括可靠性、维修性、保障性、兼容性、适应性、安全性等指标。

4.1 可靠性分析与评估

    一些工业发达国家对产品的可靠性问题十分重视,他们在可靠性研究上不惜投入大量的人力、物力和财力。以美国为例,他们在许多重要工程,如"阿波罗"登月飞行、"空中试验室"计划等工程中都施行了规模庞大的可靠性保证计划,并取得了很好的效果,不少产品的可靠性技术指标有了很大的提高,许多基础产品的平均使用失效率能够达到 $1 \times 10^{-12} \sim 1 \times 10^{-10}$ 数量级的水平。因此,可靠性试验分析与评估是提高产品可靠性的重要手段。

4.1.1 可靠性

    可靠性是指产品在规定条件下和规定时间内完成规定功能的能力。规定条件是指装备作战使用时所处的环境条件(温度、湿度、振动、冲击等)、使用条件、维修条件、储存条件、人员操作水平,不同条件下同一产品的可靠性不同。规定时间是指装备的作战使用时间,如导弹飞行时间、坦克行驶里程数等。规定功能是指产品应具备的技术指标。可靠性一般包括基本可靠性和任务可靠性。

基本可靠性是指产品在规定的使用条件下保持无故障运行的能力,通常以持续时间或概率形式表征。该指标反映了产品对维修资源的需求程度。在确定基本可靠性的特征量时,需要全面统计产品的所有寿命单位数据,并记录所有发生的故障情况,而不应仅局限于任务期间发生的故障或影响任务成功的关键故障。工程实践中,通常采用平均故障间隔时间(mean time between failures,MTBF)作为基本可靠性的主要度量指标。

任务可靠性是指产品在规定的任务剖面内完成预定功能的能力,其定量表征为产品在任务时间范围内、规定条件下成功执行基本功能的概率。该指标直接反映了产品完成指定任务的概率水平,是评估产品作战效能的重要依据。在工程实践中,通常采用任务可靠度作为衡量任务可靠性的主要参数指标。

可靠性试验是指为验证产品在规定时间周期和规定环境条件下保持规定功能的能力而开展的试验活动。该试验的主要作用体现在以下几个方面。

(1)评估功能特性:通过试验测定产品在工作状态和储存状态下的各项可靠性指标参数。

(2)提供决策依据:为产品的研发设计、生产制造和使用维护提供数据支持。

(3)问题诊断功能:系统性地暴露产品在设计方案、原材料选用、工艺流程等方面存在的问题。

(4)质量改进机制:通过故障模式分析、质量信息反馈和过程控制等系统性措施,持续改进产品缺陷,从而提升产品的整体可靠性水平。

4.1.2　分析与评估方法

1.可靠性参数

武器装备的广泛性带来了可靠性指标的多样性,不同的产品应选用不同的可靠性指标。常用的衡量产品的可靠性指标有平均故障间隔时间、平均故障前时间、任务可靠度和成功率等。

1)平均故障间隔时间

平均故障间隔时间表示产品发生两次相邻故障的平均间隔时间。该参数主要针对可修复产品,反映了可修复产品的平均寿命,因此是可修复产品可靠性的一种基本参数。一般采用 MTBF 作为系统的可靠性指标。

2）平均故障前时间

平均故障前时间（mean time to failure，MTTF）是不可修复产品故障前工作时间的数学期望（均值），表示不可修复产品的平均寿命及产品发生故障前的平均工作时间，是描述不可修复产品可靠性的一种基本参数。

3）任务可靠度

产品在规定的条件下和规定的一组任务剖面内，完成规定功能的概率称为任务可靠度 $R(t)$。

$$R(t) = P(T > t)$$

式中，T 为产品正常工作时间。

4）成功率

成功率是产品在规定的条件下完成规定功能的概率。成功率主要针对的是成败型产品，而任务可靠度则主要适用于寿命型产品。

2. 相关函数

1）累积故障分布函数

累积故障分布函数 $F(t)$ 表示产品在规定的条件下，在规定的时间 t 内丧失规定功能的概率，即

$$F(t) = P(T \leqslant t)$$

根据上述定义，有如下关系：

$$R(t) + F(t) = 1$$

2）故障密度函数

故障密度函数 $f(t)$ 表示在时刻 t 的单位时间内产品处于故障状态的概率。

$$f(t) = \frac{\mathrm{d}F(t)}{\mathrm{d}t}$$

3）故障率函数

产品的故障率 $\lambda(t)$ 又称为瞬时故障率。它表示在产品工作到某时刻 t 尚未发生故障的条件下，该产品在 t 时刻后的单位时间内发生故障的概率，即

$$\lambda(t) = \lim_{\Delta t \to 0} \frac{P\{t < T < t + \Delta t \mid T > t\}}{\Delta t}$$

根据上式推导可得

$$\lambda(t) = \frac{f(t)}{1 - F(t)} = \frac{f(t)}{R(t)}$$

3. 基本步骤

在装备试验过程中,根据得到的试验信息和可靠性模型,通过对可靠性试验结果的分析与评估,可以促进可靠性的提高,并评定可靠性的实际水平,以保证军事装备的质量。可靠性评估的基本步骤如下。

(1)可靠性数据收集与分析。根据可靠性试验大纲的要求,收集不同试验阶段的可靠性数据,进行数据合理性分析、故障危害度分析与确定,以及分布拟合检验。

(2)试验数据综合分析。根据可靠性评定的需要,将不同试验阶段的可靠性数据进行综合分析,并把各分系统的数据综合成系统数据。

(3)可靠性评估。根据可靠性模型和试验数据,研究可靠性评估方法,对可靠性指标进行统计评估,主要包括假设检验、点估计和区间估计等。

(4)产品性能及评定判决。可靠性鉴定试验合格与否的判决依据是总试验时间和总的责任故障数,以及所用统计方案中的判决标准。通过试验结果与所用统计方案中的接收或拒收标准相比较来确定可靠性鉴定试验是否合格。如果根据可靠性鉴定试验的结果做出了接收判决,则就可靠性而言该产品的设计通过了鉴定。如果根据可靠性鉴定试验的结果做出了拒收判决,则就可靠性而言该产品的设计未通过鉴定。如果做出拒收判决,需要为试验期间发生的所有故障制定相应的纠正措施方案。在有关的纠正措施获得批准和实施之后,应采用相同的样本量或经订购方同意的其他样本量重新进行试验。

4. 可靠性模型

可靠性模型是为了预计、估算或评定产品的可靠性所建立的框图和数学模型。武器系统一般由多个单元(部件或分系统)组成,其可靠性模型建立的主要依据是单元可靠性分布模型(如成败型)和系统的组成结构(如串联)及其工作特点(如可修复)等。单元可靠性分布模型多种多样,武器系统中涉及的常用分布模型有成败型分布、指数型分布、威布尔分布、正态分布和对数正态分布等。

系统可靠性模型可根据各单元的可靠性模型和系统的可靠性结构建立。

可靠性建模的常用方法有普通概率法(全概率分解法)、逻辑图法、最小路集法以及蒙特卡罗模拟法等。

系统可靠性结构主要有:

①串联系统,包括不计维修和计维修两种情况。

②并联系统,包括不计维修和计维修两种情况。

③串并联复合系统,包括不计维修和计维修两种情况。

④储存冗余系统。

⑤表决系统。

⑥混合串并联系统。

5. 评估方法

可靠性试验分析与评估的目的概括起来,主要解决以下三个方面的问题:一是确定产品在预期工作条件下可靠性的数字特征;二是检验并判定产品是否符合设计中规定的可靠性指标要求或使用方规定的可靠性标准;三是通过对产品或系统的可靠性进行鉴定,判断产品的设计及工艺是否能保证达到产品或系统的可靠性要求,并为提高可靠性提供依据。由于获得的原始可靠性数据大多具有统计上的变动规律,因此可靠性评估以数理统计为理论基础,通过试验分析和数据处理,达到上述目的。但必须结合对产品故障原因、故障现象等的分析,并运用以往的经验和历史信息,对产品做出全面、正确的评估。在选用方法时,针对第一个问题,一般采用数理统计中参数估计、经验分布函数的分析确定方法;针对第二个问题一般采用数理统计的假设检验方法;针对第三个问题一般采用数理统计中的方差分析和回归分析方法。常用的数理统计方法有以下几种:

(1)图表法,如直方图、散布图等。

(2)概率纸法,如威布尔概率纸法、正态概率纸法等。

(3)分析计算法,如平均值、方差、标准偏差等。

(4)多变量分析法,如主成分分析法、因子分析法、判别函数分析法等。

(5)回归分析法,如线性回归分析法、周期函数回归分析法、渐进回归分析法等。

(6)相关分析法。

(7)方差分析法,如多元分布的方差分析法、协方差分析法。

（8）拟合性分析法。

（9）故障概率值方法,如有点估计法和区间估计法。

（10）可靠度函数推测法,如有单参数法（指数型）、双参数法（正态型）、三参数法（威布尔型）等。

4.1.3 软件可靠性的分析与评估方法

随着武器系统信息化水平的提高,软件成为武器系统重要的组成部分,软件可靠性问题也越来越受到人们的关注,成为可靠性评估的重要内容。软件可靠性是指在规定的条件下和规定的时间内,软件不引起系统故障的能力。

1. 软件可靠性模型

软件可靠性模型是根据与软件可靠性有关的数据,以统计方法和模糊方法对软件的可靠性进行分析、评估和预测。根据对软件系统和故障特点的不同,有三类软件可靠性模型:时间域可靠性模型、输入域可靠性模型和混合型可靠性模型。

1）时间域可靠性模型

在时间域可靠性模型中,可靠性通常用风险函数和可靠性函数来表示,风险率函数为

$$z(t)\Delta t = P\{t < T < t + \Delta t \mid T > t\}$$

式中:T 为失效时间;$z(t)\Delta t$ 为在时间间隔 $(t, t + \Delta t)$ 内失效的概率。

可靠性函数 $R(t)$ 给出了在时间间隔 $(t, t + \Delta t)$ 内武器系统软件不会发生失效的概率

$$R(t) = \mathrm{e}^{-\int_0^t z(x)\mathrm{d}x}$$

在时间域可靠性模型中,随着缺陷不断被剔除,可靠性呈现出增长趋势,因此其又称为软件可靠性增长模型。根据对数据类型的不同需求,时间域可靠性模型又可分为失效间隔时间模型和失效次数模型。前者记录每两次相邻失效发生的间隔时间,后者记录单位时间内系统发生失效的次数。在进行时间测量时,可以采用日历时间或执行时间,采用执行时间进行评估和预测能得到比较准确的结果,但日历时间测量方法在多数测试过程中更易于实施。现有的大部分模型使用的是日历时间。比较著名的时间域可靠性模型有叶林斯

基-莫兰达（Jelinski-Moranda，JM）模型、利特尔伍德-维罗尔（Littlewood-Verrall，LV）模型、戈埃尔-奥本（Goel-Okumoto，GO）模型等。

2）输入域可靠性模型

在输入域可靠性模型中，可靠性是指武器系统软件在多种输入状态下无故障运行的概率。它是通过反复执行随机抽样数据来分析产品的可靠性。这些模型可以直接用来进行当前的可靠性评估，并且可以用来制定测试的结束原则。当只具有单个数据集时，不能直接用来分析可靠性的增长情况，但经过一段时间的测试，积累了一定的测试数据集或与一定输入域有关的数据子集时，就可以从多个角度提供与武器系统软件可靠性相关的信息，用以指导软件可靠性的提高。

应用输入域可靠性模型时，将待运行数据分成 N 个集合：$\{E_i : i = 1, 2, \cdots, N\}$，从每个集合 E_i 中抽取 n_i 个数据执行，那么系统可靠性的估计值 R 为

$$R = 1 - \sum_{j=1}^{N} \left(\frac{f_i}{n_j} \right) P(E_j)$$

式中：f_i 为发生失效的次数；$P(E_j)$ 为第 j 个子域在实际使用中发生的概率。

上式即为鲍恩-利波（Bown-Lipow）模型。

输入域可靠性模型通常假设发现故障后并不及时加以纠正，但在实际的测试过程中，通常故障一旦被发现就立即进行纠正，而并非等到测试结束。软件可靠性增长模型对软件产品的整体可靠性评估和预测能力较强，但很少提出能促进可靠性增长的信息。而武器系统软件中的缺陷分布是很不均匀的。输入域可靠性分析可以将产品可靠性与输入域的子域相关联。

3）混合型可靠性模型

混合型可靠性模型将时间域可靠性模型和输入域可靠性模型两种能力相结合，提供了可靠性评估和指导可靠性增长的集成框架。基于树形结构的可靠性模型就是一种比较好的混合型可靠性模型。

2. 软件可靠性评估

武器系统软件的可靠性评估，主要是基于软件测试数据，通过软件可靠性模型对装备软件的 MTBF、软件的固有错误数以及经过排错后的软件错误数

进行评估,得出软件的可靠性水平。软件可靠性不但与软件存在的缺陷有关,而且与系统输入和系统使用有关。软件测试包括单元测试、集成测试、确认测试、系统测试、验收测试、回归测试、Alpha 测试和 Beta 测试等方法。

软件可靠性评估的主要步骤包括:

(1)软件测试数据的收集和分析。

(2)确定软件可靠性模型。

(3)模型参数估计。

(4)模型检验。

(5)软件可靠性评估。

4.2　维修性分析与评估

装备维修性是装备在设计阶段赋予、生产环节确保实现的一种固有特性。维修性良好意味着该武器系统在需要修理时具备用最少的时间、最低的费用和较低的技术要求,能够迅速地恢复到规定状态的能力。维修性是装备作战效能的重要构成因素,也是影响其寿命周期费用的重要因素,在装备定型试验和作战试验中必须予以充分考核和检验。

4.2.1　维修性

装备维修性,是指武器装备在规定的条件下和时间内,按规定的程序和方法进行维修时,能够保持或恢复到规定状态的性能。维修性中的"维修"包括修复性维修、预防性维修、保养和战场损伤修复等内容。维修性作为装备的设计特性,它涉及装备本身设计的问题:一是由总体设计方案、组装情况、测试点位置、可达性等所构成的装备的内在因素;二是由这些内在因素所提出的各项要求,如修理工具测试设备、维修人员技术水平、备件种类及数量等。除此之外,维修性还受到维修设施及进行维修时所处环境因素的影响。

维修性可以用平均故障修复时间等指标来表征,是装备生命力的一个重要指标,维修性的概率度量又称维修度。在正常情况下,需经常对装备进行检查和测试。在复杂的战场环境下,时间就是生命,而装备不发生故障的可能性又小,所以,在最短的时间里,有效地恢复装备的能力,就等于挽救了装备的生命。

维修性试验中所有的评估对象应为部署的装备或与其等效的样机。维修性评估应在部队试用或实际使用中进行,需要评估的维修作业应是直接来自实际使用中的且经常进行的维修工作,只有为了评估那些不可能在评估期间发生的特殊维修作业,才应通过模拟故障补充。

4.2.2　分析与评估方法

维修性是武器装备可用性的主要系统特征,既是装备设计过程的考量因素,又体现装备固有的设计特征。维修性分析与评估包括定性的评估与演示和定量的试验与评估。

1. 维修性参数

常用的维修性参数包括平均修复时间、恢复功能用的任务时间、最大修复时间、平均预防性维修时间等。

1)平均修复时间

平均修复时间(mean time to repair , MTTR)是最为常用的维修性参数,反映了修复一次故障平均所需要的时间(包括进行故障检测与诊断、换件、调校、检验及原件修复时间,但不包括因保障与管理原因造成的延误时间)。

MTTR 的具体度量方法是在规定的条件下和规定的时间内,产品在给定的维修级别上,修复性维修总时间与被修复的故障总数之比。应当注意,不同的维修级别应具有不同的平均修复时间要求。

2)恢复功能用的任务时间

恢复功能用的任务时间(mission time to restore function , MTTRF)是指排除致命性故障所需时间的平均值。MTTRF具体表示为在规定的任务剖面中,产品致命性故障的总维修时间与致命性故障总数之比。

MTTR 与 MTTRF 的主要区别:MTTR 是排除所有故障所用时间的平均值,MTTRF 仅是指排除致命故障所用时间的平均值。

3)最大修复时间

装备的使用部门时常关心装备能在多长时间内完成维修。最大修复时间规定了装备达到给定的维修度时所需的修复时间。在计算最大修复时间时,不计入由于保障与管理方面的原因造成的延误时间。

4）平均预防性维修时间

预防性维修是指为预防产品故障，使其保持在规定的状态而进行的活动，如定期大修或拆修。平均预防性维修时间，是装备每次进行预防性维修所需时间的平均值。预防性维修时间不包括在装备运行的同时进行的预防性维修时间以及保障与管理延误时间。

5）维修工时参数

维修工时参数可以反映维修所需的人力与费用。常用的维修工时参数包括维修性指数和保养工时率。维修性指数定义为产品每工作小时所需的维修工时，所以又称为维修工时率。

6）维修停机时间率

维修停机时间率表示产品单位工作时间内所需维修（包括修复性维修与预防性维修）停机时间的平均值。

7）单位工作时间所需平均修复时间

单位工作时间所需平均修复时间（MTUT）也称为修复性维修停机时间率，或每工作小时平均修理时间。MTUT 反映了产品单位工作时间的维修负担。

8）平均系统恢复时间

平均系统恢复时间（mean time to restore system，MTTRS）指在规定的条件下和规定的时间内，由不能工作事件引起的系统修复性维修总时间（不包括离开系统的维修和卸下部件的修理时间）与不能工作事件总数的比值。

9）平均维修时间

平均维修时间（mean repair time，MRT）表示产品每次维修（包括预防性维修与修复性维修）所需时间的平均值。MRT 包括了原位、离位两种修复性维修的平均时间。MRT 不包括行政管理延误时间或供应延误时间。MRT 与合同参数 MTTR 的主要区别在于，MRT 度量的是发生在实际使用环境下的维修活动。

2. 相关函数

1）维修度

由于受维修活动中各种不确定因素的影响，在进行实际维修时，对同一产品每次维修所需的时间是随机的。因此，应当从概率统计的观点描述维修性的定量要求。

维修度 $M(t)$ 是指产品在规定的条件下和规定的时间 t 内,按规定的程序和方法进行维修时,保持或恢复其规定状态的概率,即

$$M(t) = P\{T \leqslant t\}$$

式中,T 为实际完成维修所用的时间。

2)维修时间密度函数

维修时间密度函数 $m(t)$ 是维修度的导数,即 $m(t) = \dfrac{\mathrm{d}M(t)}{\mathrm{d}t}$,表示在时刻 t 的单位时间内,产品被修复的概率(修复产品数与送修产品数之比)。

3)修复率

修复率 $\mu(t)$ 也称为瞬时修复率,是产品在 t 时刻未被修复的条件下,在 t 时刻后的单位时间内被修复的概率。因此,维修度为

$$M(t) = 1 - \exp\left[\int \mu(t)\mathrm{d}t\right]$$

3. 定性评估与演示

定性评估是根据合同规定的维修性定性要求、有关国家标准,以及国家军用标准的要求,制定相应的检查项目核对表,并结合设计方案分析及维修操作演示,对装备是否满足要求的情况进行评价。定性评估的主要内容有维修的可达性、检测诊断的方便性和快速性、零部件的标准化与互换性、防差错措施与识别标记、工具操作空间和工作场地的维修安全性、人机工程等。

(1)利用维修性核对表评定装备满足定性要求的程度。核对表由承制方根据有关规范、合同要求和设计准则等制定,并经订购方同意。核对表至少应包括以下各方面内容:

①维修可达性。

②标准化与互换性。

③检测诊断的方便性与快速性。

④维修安全性。

⑤防差错措施与识别标记。

⑥人机工程要求等。

(2)有重点地进行维修性演示。在实体模型、样机或产品上演示预计发生频率高的拆装、检测、调校等操作,重点判断以下各方面内容:

①人体、观察及工具的可达性。

②操作的安全性。

③操作的快速性，必要时测量动作的时间。

④维修的技术难度。

4. 定量试验评估方法

定量评估是针对装备的维修性指标，在自然故障或模拟故障要求下，根据试验中得到的数据，进行分析判定和估计，以确定其维修性是否达到要求。

维修性定量要求应通过试验完成实际维修作业，统计计算维修性参数，进行判决。然而，这种考核评估又不可能都在完全真实的使用条件下来完成，因此，需要在研制过程中采用统计试验的方法，及时作出产品维修性是否符合要求的判定，使承制方对其产品维修性"胸中有数"，使订购方能够决定是否接受该产品。

维修性定量指标的试验属于统计试验，要用正规的统计试验方法。在《维修性试验与评定》(GJB 2072—1994)中列举了 11 种方法，如表 4 - 1 所示。选择时，应根据合同中要求的维修参数、风险率、维修时间、分布假设以及试验经费和进度要求等因素综合考虑。定量评估指标有平均修复时间、最大修复时间、工时率。

表 4 - 1　试验评估方法汇总表

编号	检验参数	分布假设	作业选择
1 - A	维修时间平均值的检验	对数正态，方差已知	自然故障或模拟故障
1 - B	维修时间平均值的检验	分布未知，方差已知	
2	规定维修度的最大维修时间检验	对数正态，方差未知	
3 - A	规定时间维修度的检验	对数正态	
3 - B	规定时间维修度的检验	分布未知	
4	装备修复时间中值检验	对数正态	
5	每次运行应计入的维修停机时间的检验	分布未知	自然故障
6	每飞行小时维修工时的检验	分布未知	
7	地面电子系统的工时率检验	分布未知	自然故障或模拟故障
8	维修时间平均值域最大修复时间的组合序贯试验	对数正态	自然故障或随机（序贯）抽样

编号	检验参数	分布假设	作业选择
9	维修时间平均值、最大修复时间的检验	分布未知	自然故障或模拟故障
10	最大维修时间和维修时间中值的检验	分布未知	
11	预防性维修时间的专门试验	分布未知	

待验证的指标和维修时间分布类型是选择试验方法的基本依据。实践表明,维修作业时间采用对数正态分布的假设在大多数情况下是合理的。当分布未知或为非对数正态时(如机内具有高度诊断能力的装备),可采用非参数法。采用序贯试验法所需样本量比固定样本量的试验可能少些,但一般只有当事先(或根据预测)已知装备维修性比合同指标好得多或差得多的情况下才使用。应根据需要验证的维修性参数、时间分布类型等选择合适的方法。

4.3 保障性分析与评估

随着技术的发展,武器装备的功能和性能显著提升,其保障能力需求也呈现指数级增长。保障性试验分析与评估作为实现装备保障目标的重要且有效的决策手段,贯穿于装备研制与生产的全过程,并延伸到部署后的使用阶段,以保证及时掌握装备保障性的现状和水平,发现保障性的设计缺陷,为改进装备的保障性提供依据。

4.3.1 保障性

保障性是装备在满足完好性和利用率要求的前提下,适应保障条件和资源的性能,通常用装备作战准备时间、使用可用度、出动架次率等参数表示。保障性包含两层含义:容易保障的特性和能够得到保障的特性,即设计特性和保障资源。设计特性是由装备设计所赋予的,与装备使用、维修和保障有关的设计特性,如可靠性与维修性等,以及便于操作、检测、维修、装卸、运输、消耗品(如油、水、气、弹)补给等的设计特性。保障资源是指为保证装备完成平时和战时使用要求所规划的人力和物力资源,主要包括人员、备件、技术资料、训练、保障设备与设施、计算机,以及包装、储存、运输等。它们与装备同步考虑、同步建设和同步提供使用。保障性与可靠性、维修性等性能密切相关,其涉及的主要参数包括以下方面。

(1)人力和人员。人力和人员主要是指平时和战时使用与维修装备所需人员的数量、编制、专业及技术等级。参加设计定型试验的人员应当按初始训练大纲实施训练,并对人员的工种设置、培训的有效性等进行考核。

(2)供应保障。供应保障是指由现有的供应与维修体制所决定的各种消耗品的品种与数量。在装备的设计定型前,应提出装备的备件和消耗品清单,并在设计定型试验时考核备件和消耗品的消耗数量及品种的适用性。

(3)保障设备。保障设备是指使用和维修装备所需的设备,主要包括测试设备、维修设备、计量与校准设备、搬运设备、拆装设备、训练设备、工具等。对于重要的复杂装备,所有的保障设备都应在设计定型前完成样机研制,并在设计定型试验中考核其适用性。

(4)训练和训练保障。训练和训练保障是指训练装备使用和维修人员所需的教材、器材、模拟训练器、程序、方法等。

(5)技术资料。技术资料是指使用与维修装备所需的各种说明书、手册、操作规程、清单、图册等,例如飞机的发动机故障分析手册、飞行手册、航空弹药投放手册等。对于技术资料的评价,主要应关注技术资料的数量、种类和格式是否符合要求,以及内容是否正确、清晰、准确、完整且易于理解。技术资料中的警告、提醒及安全注意事项应当合理、醒目。各技术资料中的术语应具有一致性。

(6)保障设施。保障设施是指使用与维修装备所需的永久性或半永久性的建筑及配套设备。

(7)包装、装卸、储存和运输保障。

(8)计算机资源保障。计算机资源保障是指使用与维修装备中的计算机所需的设施、硬件、软件、文档、人力和人员。

4.3.2　分析与评估方法

保障性试验结果的分析与评估是在获取相关保障性定性和定量信息的基础上,通过对试验结果进行分析,将试验结论与设计要求和涉及规范进行比较,以评价装备保障特性及保障系统设计及使用效果,并提出改进措施。分析与评估的主要作用是对暴露的保障性问题制定纠正措施,包括修改硬件、软件保障计划、保障资源和使用规划,确定保障性目标值和门限值中尚未得到充分验证的内容,并将其作为后续阶段进行试验与评估的重点。

装备的保障性要求一般分为三类,即针对装备系统的战备完好性要求、针对装备的保障性设计特性要求、针对保障系统及其资源的要求。因此,装备保障性分析与评估主要包括保障性综合参数指标的分析与评估、保障性活动的分析与评估和保障资源参数的分析与评估。

1. 保障性综合参数指标的分析与评估

保障性综合参数指标的分析与评估主要依据系统运行的实测数据,识别和揭示装备在保障性设计和保障系统运行过程中存在的问题,评估保障性综合指标满足设计要求和订购方需求的程度,并为制定改进措施提供依据。该分析评估主要包括对装备系统战备完好性、任务持续性和保障系统的保障规模进行评价。其中装备的战备完好性是指装备在平时或战时的保障条件下能随时执行预定任务的能力。

2. 保障性活动的分析与评估

保障性活动的分析与评估主要是检验保障活动是否能够按照预定程序执行,发现装备保障工作存在的问题,并对保障活动在满足设计要求和订购方需求的程度进行评价。该评估包括保障性活动定性评估和保障性活动定量评估。

1)保障性活动定性评估方法

定性评估主要通过保障活动演示执行来判定是否与设计说明一致或满足订购方需求,对保障活动执行程序的正确性、操作方便性、时效性等进行判定。根据演示结果,专家判断其符合程度,并在核定表中打分,给出定性的演示试验评价结果。根据装备保障活动符合性要求进行打分,评分规则是百分制,评分原则如下:

①优:设计很好,完全满足要求,有些甚至高出合同要求水平,可以打90～100分;

②良:设计良好,满足要求,有少部分缺陷,但容易改正,可以打70～89分;

③中:设计一般,基本满足要求,有一些缺陷,改正需要一定时间,工作量大,可以打 60～69 分;

④差:设计很差,有较多缺陷,需要返工,可以打 0～59 分。

最后得出综合得分。综合得分为所有项目得分的平均值。

2)保障性活动定量评估方法

定量评估主要是保障时间要求,包括使用保障时间、维修保障时间。定量评估主要通过保障活动演示,记录相关的时间数据,并对时间指标的满足情况进行分析评价,一般用与装备保障相关的可靠性、维修性、测试性、运输性等参数描述,如平均故障间隔时间、储存寿命、平均修复时间、故障检测率、故障隔离率、虚警率等。试验结果应取各试验样本的平均值,并对试验结果进行假设检验,判断其是否可被接受。装备保障活动时间结果评估按下列判断规则,假设装备保障活动时间均值的点估计值为 $\bar{X}_{tat}$,如果

$$\bar{X}_{tat} \leqslant \bar{M}_{tat} - Z_{1-\beta}(d/\sqrt{n})$$

则装备保障活动时间符合要求而接受,否则拒绝。式中:n 为样本量;$\bar{M}_{tat}$ 为保障活动时间门限值;$Z_{1-\beta}$ 为对应下侧概率 $1-\beta$ 的标准正态分布分位数;β 为订购方风险;d 为装备保障活动时间的方差的点估计值。

3. 保障资源的分析与评估

保障资源的分析与评估主要是对人员技术等级、备件种类及数量、测试设备及工具要求、设施利用率、订货及装运时间等参数的评定。

保障资源分析与评估一般是在详细设计阶段后期进行。各项保障资源的评价应尽可能综合进行,尽量和保障性活动的分析与评估,尤其是与维修性验证与演示结合进行,从而最大限度地利用资源,减少重复工作。对不能在该阶段评估的保障资源,应在后续阶段尽早进行。

保障资源分析与评估要紧紧围绕保障资源的评价准则实施,在尽量接近真实的试验环境中,测试保障资源各要素的保障水平。在试验中,要详细、客观地记录保障资源是否达到评估准则的要求。保障资源的评估主要为定性评估,即将不同的参试技术资料的调查表对照、归纳,给出综合评价。

(1)保障设备的试验与评价,主要评价保障设备的功能、性能是否满足要求,品种和数量是否合理,保障设备与装备是否匹配等。

（2）保障设施的试验与评价，主要评价装备的使用、维修、储存设施是否满足所需的面积、空间、基本设备等使用要求和温湿度、洁净度等环境条件的要求。

（3）技术资料的试验与评价，主要评价技术资料是否准确、完整、简明易懂，是否满足使用与维修装备的需要，检查装备及其保障系统的设计更改是否反映在技术资料中。

（4）训练与训练保障的试验与评价，主要评价训练是否有效，训练器材的数量与功能能否满足训练要求。

4.4 兼容性分析与评估

随着武器装备体系化的发展，任何武器系统不是独自运行的，而是与其他武器装备系统协同工作的。因此，对武器装备之间的兼容进行评估鉴定具有十分重要的意义。

4.4.1 兼容性

兼容性是指两个或多个武器装备系统（或设备）在集成至更大的作战系统或作战环境时，保持协同工作能力且不产生相互干扰的系统特性。兼容性具体包括装备同其所有保障设备（如发电设备、空调设备、液压动力系统等）一起工作的能力，也包括同后勤保障设备（如测试设备、服务设备、维修台、装卸设备和运输设备等）的接口能力。兼容性主要由电磁兼容性、物理兼容性、人机界面兼容性和环境兼容性等构成。

1. 电磁兼容性

电磁兼容性是指武器装备系统在其预期使用环境中能够正常工作，且不会因不可接受的干扰而降低性能或遭受损坏的能力。它是一个技术度量参数，用于衡量装备系统在预期或非预期作战环境中运行时，是否因接收其他装备发射的电磁能量而导致性能显著下降。在分析与评估电磁兼容性时，应主要考虑发射机的功率、发射带宽、调制方式（调频、展频等）、调频范围频带比等，接收机的灵敏度、带宽、噪声因子等，天线的类型（抛物面、喇叭形、鞭状等）、带宽、增益、极化特性、高度和方向性（定向、单向）。

2. 物理兼容性

物理兼容性是指装备系统中各部件和子系统在设计和组装过程中所具备的"形状适配与协同工作"能力。例如,相互连接的电缆、机械连杆、信号接口连接器以及武器联锁装置等,就是为了达到良好的物理兼容性而需精心设计的关键要素。通过对兼容性、互用性、维修性和使用方便性等方面的测量,来评估装备系统在物理兼容性方面的实现程度。

3. 人机界面兼容性

人机界面兼容性是操作者有效并且高效地控制和利用武器系统的能力,这对于武器系统发挥其作战效能具有至关重要的作用。在评估人机界面兼容性时,应考虑情况问题、人的问题和输出问题等人因问题。这些问题在人与武器系统或其他部件之间存在接口时都会出现。

4. 环境兼容性

环境兼容性是指装备(或设备)在物理环境方面相互适应且不发生相互干扰的能力。它主要受温度、机械冲击和振动等因素影响。

4.4.2　分析与评估方法

兼容性分析与评估是指对处在同一系统或同一环境中两个或多个装备(或设备)及其相互关系进行分析,评估其相互兼容的能力。

在武器装备研制阶段,试验计划中应涉及所有的兼容性方面的问题,并完成大部分详细的兼容性试验。在作战试验阶段,也要观测和评估兼容性,发现在研制阶段没有发现的兼容性问题。研制试验的结果能够为作战试验计划的制订提供参考,从而避免不必要的重复试验。

在兼容性的分析与评估中,要注意以下几个问题。

(1)正常的操作有可能不会暴露出干扰或不兼容的问题。因此,需要专门的试验以各种方式和在各种极端操作情况下来测定系统可能受到的干扰。

(2)武器装备增加新的或先进的性能,有可能会引起潜在的兼容性问题。例如,如果系统的修改采用较先进的计算机和电子系统,则原来的常规设备有可能不能给新系统提供足够的冷却,结果新电子器件要在较高的温度环境中工作,造成可靠性降低。同样,把非研制性项目引入军事装备中,也可能会产生兼容性问题。

（3）操作程序兼容也可能是影响系统性能的一个因素。两个系统的兼容性在很大程度上取决于所用的操作程序和如何遵守这些程序。例如，在试验一个系统时，已发现主系统与指挥控制系统不兼容，原因是主系统用全自动方式进行射击控制，而射击辅助系统则用手动。

4.5　适应性分析与评估

随着军事装备向体系化、智能化方向演进，装备体系内各类武器系统不仅需要具备独立适应复杂战场环境的能力，更需实现系统间的有效协同与互操作，这是形成整体作战效能的关键前提。因此，对军事装备的适应性进行分析与评估，已成为装备作战适用性论证中不可或缺的核心内容。

4.5.1　适应性

军事装备的适应性主要包括相互适应性和环境适应性。

1.相互适应性

相互适应性是指系统、单位或部队之间能够相互提供服务和接受服务，并利用这样的交换服务使它们能够有效地一起工作的能力。该能力不仅涉及被试系统与其他类型系统或同种类型其他系统在能力上的一致性，还特别强调被试系统在满足作战要求时，其所依赖的保障系统或互换系统是否具备与之匹配的协同支持能力。

2.环境适应性

环境适应性是指军事装备在作战、训练、储存、运输等过程中，面对各种环境条件时，能实现其规定功能且不被自然环境因素所破坏的性能。它通常用一组定量和定性指标表示。这里的环境条件包括自然环境、诱发环境和特殊环境等。

4.5.2　分析与评估方法

1.相互适应性的分析与评估

评估相互适应性通常以定性方式表示，但是在某些方面也可能以定量方式说明。确定被试系统相互适应性的常用方法是,在判定两个系统共同使用时,会对操作产生什么限制,也就是需要说明以下情况:一是哪些系统需要特殊的操作程序;二是哪些系统必须改变操作方式。在相互适应性评估时要注意以下问题。

(1)在考虑保障系统或互换系统问题时,也要考虑到正处在研制中的其他系统。如果由于两个系统不能同时试验,那么相互适应性的评估必须说明试验的限制或问题。

(2)必须了解配对系统或互换系统的成熟程度。如果配对系统不够成熟,那么试验得出的结果是无效的。另外,应该评估作战使用中互换系统的大概成熟程度,如果在战场上使用时系统的适用性取决于互换系统,则需要将这方面的潜在问题向决策者作重点说明。

(3)在确定被试系统的相互适用性时,也应把保障系统或配对系统可接受的程度作为评估的一部分。

(4)由于两个系统相互接近,在某些情况下相互适应性有可能限制系统的使用或操作。例如,当一台雷达发射机靠近另一台雷达或通信装置时,其中一台工作时,另一台则必须停止。类似地,当舰艇使用干扰器材时,本舰的一些探测设备也要停机。

2. 环境适应性的分析与评估

军事装备环境适应性的分析与评估主要是通过试验,分析环境对其作战使用性能的影响,从而判定军事装备适应环境的能力。一般地,环境适应性的分析与评估包括以下三个方面。

(1)自然环境适应性,即军事装备对部署和作战地域(或海域、空域)所处自然环境的适应能力。自然环境包括:气象条件,如温度、湿度、盐雾、沙尘、雨、雷电、风、气压、雪、冰霜等;水文条件,如水深、潮汐、水温与密度、波高与周期、表层流速及流向等;地理条件,如经纬度、江河、湖泊、地形、森林、沼泽、桥梁、道路等。

(2)诱发环境适应性,即军事装备在作战、训练、储存、运输等过程中可能产生的冲击、振动、过载等环境条件下,能够有效工作的能力。

(3)特殊环境适应性,即军事装备在未来战场可能遭遇的核、生物、化学污染以及高原、高寒等环境条件下,能够有效工作的能力。

4.6　安全性分析与评估

安全性是在战场环境下武器装备性能的一个重要组成部分,涉及系统对人员或其他系统和设备产生的威胁。

4.6.1　安全性

安全性是指武器装备在正常使用、保管、维修的过程中,不导致意外的人员伤亡或健康损害、系统毁坏、重大财产损失、环境破坏的性能,通常用风险指数参数表示。

装备安全性主要包括自身安全性、环境与社会安全性、信息安全性等。自身安全性是指构成武器系统的各种硬件、软件及系统等的安全特性,如是否有引起爆炸、燃烧、损坏的可能,设计中有无缺陷。环境与社会安全性是指武器系统对周围环境及社会产生安全影响的特性,如有无辐射、是否容易引起人员疲劳、是否发生职业病等。信息安全性是指武器系统使用中的储存、传输和处理信息的安全和保密特性。

4.6.2　分析与评估方法

1.危险的类型和概率

军事装备的安全性与规定类型危险的数量和这些类型危险出现的概率有关。通常在军事装备的使用标准中都规定了各种危险的类型,其中主要有四种,如表 4-2 所示。

表 4-2　危险的主要类型

类型	定义
1 灾难性危险	人员伤亡、系统损失
2 重大危险	人员严重伤害、严重职业病或系统重大损害
3 一般性危险	人员较轻的伤害、较轻的职业病或系统较小的损害
4 轻微危险	人员很轻的伤害、很轻的职业病或系统很小的损害

对于大多数系统来说,安全性试验的目标是发现并消除 1、2 类危险。

安全性的分析与评估还可以利用系统安全性所规定的危险概率的等级来

分析所观测的结果,这样有助于研究和解决危险的问题。危险概率的等级通常分为五级,如表 4-3 所示。危险的风险评估矩阵如表 4-4 所示。

表 4-3　危险概率的等级

等级	概率	定义
A	经常性	可能经常发生
B	可能性	在系统寿命周期内可能发生几次
C	偶然性	在系统寿命周期内偶尔发生
D	极小性	在系统寿命周期内极小可能发生
E	不可能性	在系统寿命周期内几乎不发生

表 4-4　危险的风险评估矩阵

发生频率	危险类别			
	1 灾难性危险	2 重大危险	3 一般性危险	4 轻微危险
A 频繁	1A	2A	3A	4A
B 可能	1B	2B	3B	4B
C 偶尔	1C	2C	3C	4C
D 很少	1D	2D	3D	4D
E 不可能	1E	2E	3E	4E

通过表 4-4,可以建议装备在作战使用中潜在危险的风险评估准则:1A、1B、1C、2A、2B、3A 是不可接受的;1D、2C、2D、3B、3C 是不希望有的(要求装备使用者决定);1E、2E、3D、3E、4A、4B 由装备使用者审查接受;4C、4D、4E 审查接受。

2. 安全性试验结果的分析与评估

对较复杂的系统进行安全性的评估,一般是在作战试验时通过观测军事装备的使用和维修,来分析和判定存在危险的可能性,并运用工程技术和管理手段来消除潜在的危险,确保军事装备的安全性。安全性的评估要注意以下几个关键问题。

(1)观测人员应对重大的潜在危险十分敏感。所有人员,特别是作战试验人员,都有责任判定任何潜在的危险,如果发觉有 1、2 类危险的苗头,应立即停止试验。在大多数情况下,作战试验应无外部干扰,但安全性例外。

(2)安全性试验应考虑到系统的操作环境。任何与安全性有关的试验都要考虑到整个预想的环境范围。有些安全特性在好的环境(如晴天或白天)下可能表现良好,相关危险很容易看出,也易于避免。但在不好的环境(如黑夜、雨天、能见度差等)下有可能产生意想不到的危险。

(3)软件故障可能会产生不可预料的危险。应当评估软件故障对安全性的潜在影响。例如,导弹的软件故障有可能影响其飞行安全。由于对安全/危险事件的分类可能有不同看法,需要由装备用户、试验场及研制方等多方代表共同协商,制定安全性评估矩阵,如表 4-5 所示。作为试验数据管理与分析的工具,该矩阵用以支持安全性的分析与评估。

表 4-5　安全性评估矩阵

类别	等级				
	A	B	C	D	E
1 灾难性危险	不合格	不合格	不合格	不合格	合格
2 重大危险	不合格	不合格	不合格	合格	合格
3 一般性危险	不合格	合格	合格	合格	合格
4 轻微危险	合格	合格	合格	合格	合格

第5章　装备试验文书编写

5.1 《装备状态鉴定文件编制指南》

1. 范围

本部分规定了装备状态鉴定文件的编制依据、原则和格式等。本部分适用于装备（含配套军工产品）状态鉴定文件的编制。

2. 引用文件

下列文件中的有关条款通过引用而成为本部分的条款。凡注日期或版次的引用文件，其后的任何修改单（不包含勘误的内容）或修订版本都不适用于本部分，但提倡使用本部分的各方探讨使用其最新版本的可能性。凡不注日期或版次的引用文件，其最新版本适用于本部分。

GB/T 14689《技术制图 图纸幅面和格式》；

GJB 0.1—2001《军用标准文件编制工作导则 第 1 部分：军用标准和指导性技术文件编制规定》；

GJB 190—1986《特性分类》；

GJB 438《军用软件开发文档通用要求》；

GJB 5100《军队机关公文格式》；

GJB 6387《武器装备研制项目专用规范编写规定》；

TE－ABA－001—2019《装备试验鉴定程序和要求》；

TE－AAB－005—2019《装备鉴定定型试验总案编制指南》；

TE－ABC－001—2019《装备作战试验工作指南》。

3. 基本要求

1）编制依据

装备状态鉴定文件的编制依据主要包括以下几点：

（1）装备试验鉴定有关法规；

（2）TE－ABA－001—2019；

（3）研制立项批复；

（4）研制总要求或研制任务书、研制合同；

（5）鉴定定型试验总案；

（6）其他。

2）编制原则

装备状态鉴定文件的编制原则主要包括以下几点：

（1）完整性：状态鉴定文件的种类齐全、内容完整。

（2）准确性：状态鉴定文件的数据真实、结论准确。

（3）协调性：状态鉴定文件之间内容协调一致，并可追溯。

（4）规范性：状态鉴定文件应遵循国家和军队有关法规、标准的要求，层次清晰、表述简明、格式规范。

4. 装备状态鉴定文件格式要求

1）技术文件

技术文件的编制应满足以下要求：

（1）技术文件的编制结构样式内容一般包括：硬质封面（合订本）、封面、签署页、目次页、正文、附录和参考文献等部分。其中正文和附录等的章、条、表格、图、公式、量、单位等的编写应符合 GJB 0.1—2001 中第 7 章的规定；目次的编排应符合 GJB 0.1—2001 中 6.2 的要求。

（2）技术文件幅面宜采用 A4（297 mm×210 mm）规格纸张，上下边距分别为 25 mm，左右边距分别为 30 mm。

（3）合订本的硬质封面结构样式内容应包括：状态鉴定文件、装备名称（全称）、共-册 第-册、研制单位名称（全称）等。

（4）单本的封面结构样式内容应包括：状态鉴定文件、文件名称（全称）、共-册 第-册、研制单位名称（全称）、密级、日期等。

(5)签署页的结构样式内容应包括编制、校对、审核、标审、会签、批准和审签等栏目。审签由军事代表机构签署,其他由承制单位签署。

(6)技术文件的其他编制要求,应符合本部分的规定。

2)纸质图样

纸质图样的绘制应满足以下要求:

(1)图样内容一般包括:封面、扉页、正文等部分;

(2)图样合订本的硬质封面样式见《装备状态鉴定文件编制指南》附录 B;

(3)扉页的样式见《装备状态鉴定文件编制指南》附录 E;

(4)行业图样管理制度。

3)字号、字体、行间距与页码

(1)公文。文件的字号字体与行间距应按 GJB 5100 执行。

(2)技术文件。技术文件的字号字体、行间距与页码应满足以下要求:

①硬质封面、封面字号与字体分别见《装备状态鉴定文件编制指南》附录 B、附录 C;

②前言、目次等字样采用 3 号黑体,条文采用小 4 号宋体;

③正文文本一般采用小 4 号宋体(也可按需采用 4 号宋体);

④正文文本行间距为 21 磅;

⑤正文的章、条编号和标题采用 4 号黑体;

⑥图的编号和图题采用 5 号黑体;

⑦表的编号和表题采用 5 号黑体;

⑧表中的文字和数字采用小 5 号宋体;

⑨图注、图的脚注采用小 5 号宋体;

⑩附录编号、规范性附录、资料性附录、参考文献、索引等字样采用 5 号黑体;

⑪页码位于每页底部外侧,采用 4 号宋体阿拉伯数字,单页码居右空一字,双页码居左空一字。页码自技术文件正文开始连续标注。

4)标识与签署

状态鉴定文件的标识与签署等应满足以下要求:

(1)图样、简图的编号应按照各行业图样管理规定,其他技术性状态鉴定文件的编号标识应符合 TE－ABB－004－20195 研制项目的规定;

(2)状态鉴定文件的关键件、重要件特性的标注应符合 GJB 190—1986 中

第 7 章的规定；

(3)状态鉴定文件中选用的标准件、外协件和外购件等的标注应包括：产品名称、型号、规格、标准号或产品标准、生产厂家等，进口元器件应注明国名（地区）；

(4)图样的更改，应当改、换底图，换发蓝图；

(5)状态鉴定文件的封面应有"状态鉴定"标识；

(6)状态鉴定文件应有签署页，签署程序和要求应符合装备研制管理的有关规定，并且完整、有效。

5)电子文件

(1)电子文件格式。状态鉴定电子文件格式应满足以下要求：

①文本文件格式为 PDF，必要时可存储为 DOC、DOCX 格式；

②图形文件格式为 PDF、TIFF，二维图形文件格式一般为 DWG、DXF 格式，三维图形文件格式，一般为 STEP、IGES 格式，必要时也可存储为生成图形软件系统的文件格式；

③照片格式一般为 JPEG、BMP 或 TIFF 格式；

④视频文件格式为 AVI、MPEG；

⑤计算机程序按源程序格式要求。

(2)电子文件编制。状态鉴定电子文件的制作应满足以下要求：

①文本文件的制作按《装备状态鉴定文件编制指南》中 5.1 和 5.3 的要求。

②图形文件中 CAD 图形的幅面、格式应符合 GB/T 14689 的要求，其他应符合行业图样管理制度或相关标准要求。

③照片幅面尺寸一般为 120 mm×90 mm、145 mm×95 mm 或 240 mm×180 mm，分辨率不小于 800 万(3264×2448)像素，TIFF 格式文件清晰度不应低于 300 dpi。照片应能反映装备全貌、主要侧室面、主要组成部分、主要工作状态(平时工作状态和战时状态等)、作战效能等。

④视频电子文件时间长度一般不超过 20 min。

⑤计算机程序一般按程序形成时间顺序排列。

(3)装备状态鉴定文件归档装订要求。状态鉴定文件归档装订应满足以下要求：

①技术文件和装备图样一般要分别装订；

②技术文件要按类别装订成册，每册要有目录，厚度不应超过 25 mm；

③图样应装订成册，并编张号，每册厚度不应超过 50 mm；

④状态鉴定文件一般采取穿线装订，装备技术说明书、使用维护说明书等也可以按图书装订；

⑤状态鉴定文件成册后应有硬质封面，不应用塑料和漆布面，封面为天蓝色。

5.2　《状态鉴定审查意见书》

1. 范围

本部分规定了装备状态鉴定审查意见书的编制依据与原则、编制内容与要求、编制格式与签署。本部分适用于装备（含配套军工产品）状态鉴定审查意见书的编制。

2. 引用文件

下列文件中的有关条款通过引用而成为本部分的条款。凡注日期或版次的引用文件，其后的任何修改单（不包含勘误的内容）或修订版本都不适用于本部分，但提倡使用本部分的各方探讨使用其最新版本的可能性。凡不注日期或版次的引用文件，其最新版本适用于本部分。

GJB 5100《军队机关公文格式》；

TE－ABA－001—2019《装备试验鉴定程序和要求》；

TE－ABB－004—2019《装备状态鉴定文件编制指南第 1 部分：总则》。

3. 编制依据与原则

1）编制依据

状态鉴定审查意见书编制依据主要包括：

(1)装备试验鉴定相关法规；

(2)TE－ABA－001－2019；

(3)研制立项批复；

(4)研制总要求或研制任务书、研制合同等；

（5）鉴定定型试验总案；

（6）性能试验大纲、性能试验报告等；

（7）其他。

2）编制原则

状态鉴定审查意见书编制原则主要包括：

（1）完整性：全面、系统地评价装备符合状态鉴定标准和要求的情况，内容完整；

（2）准确性：客观、公正地评价装备研制过程及试验考核情况，主要战术技术术指标等相关数据应准确无误；

（3）协调性：与性能试验报告、研制总结等相关技术文件内容协调一致，可追溯；

（4）规范性：贯彻国家和军队的有关方针、政策，落实装备试验鉴定有关法规要求，层次清晰、表述简明、格式规范。

4. 编制内容与要求

（1）审查工作简况。说明审查工作情况，主要包括组织状态鉴定审查的依据、审查时间、审查地点、参加单位、代表数量、审查工作的程序及内容等。

（2）装备简介。说明装备的基本情况，主要包括装备的使命任务（或主要用途）、组成、主要承制单位及分工情况、技术特点等。

（3）装备研制概况。说明装备研制过程，包括方案阶段、工程研制阶段、状态鉴定阶段等工作阶段的起止时间、主要工作内容及完成情况。装备如包含配套软件，则应单独说明软件研制情况。

（4）状态鉴定性能试验概况。说明状态鉴定性能试验情况，主要包括状态鉴定功能性能试验、状态鉴定电磁兼容性试验、状态鉴定环境鉴定试验、状态鉴定可靠性鉴定试验、状态鉴定测试性试验、状态鉴定运行试验（行驶试验、航行试验、飞行试验）等装备状态鉴定性能试验的试验依据、试验单位、试验时间及地点、主要试验内容、试验中暴露的主要问题、意见建议及处理情况、试验结论等；软件测评的测评依据、测评机构、测评时间、主要测试内容、测评结论及版本号，发现的重大问题及回归测试结论等。

（5）主要问题及解决情况。

①工程研制阶段。说明工程研制阶段的主要问题及解决情况，主要包括

影响安全、主要战术技术指标、研制进度等的技术质量问题及归零情况。

②状态鉴定阶段。说明状态鉴定阶段主要问题及解决情况,主要包括故障总数量、主要问题及归零情况。

(6)装备满足研制总要求和鉴定定型试验总案情况。依据状态鉴定性能试验的结论,说明装备符合研制总要求(或研制任务书、研制合同等)、鉴定定型试验总案和规定标准的程度。通常以表格形式给出装备主要战术技术指标要求及使用要求、实测值、数据来源、考核方式及符合情况,给出装备主要战术技术指标的性能底数。

(7)标准化工作情况。说明标准化工作情况,主要包括:对型号标准体系建设情况、标准贯彻实施情况、装备"三化"水平以及装备标准化程度等方面做出简要的总体性评价,并对"标准化大纲"中规定的标准化目标和标准化要求是否实现给出结论性意见。

(8)状态鉴定文件审查情况。说明对状态鉴定文件的审查情况,主要包括审查的依据、方式、文件的类别和数量,以及对状态鉴定文件的完整性、准确性、协调性、规范性的总体评价。

(9)配套设备、原材料、元器件保障情况。说明配套设备、原材料、元器件保障情况,主要包括:

①装备配套是否齐全,能独立考核的配套设备、部件、器件、原材料、软件等是否完成逐级考核,关键工艺是否完成考核;

②配套设备、部件、器件、原材料的质量是否可靠,是否具有稳定的供货来源;

③装备选用进口电子元器件的使用比例、安全性等,与相关规定要求的符合情况。

(10)小批量试生产条件准备情况。对于需进行小批量试生产的装备,应概述小批量试生产条件的准备情况,主要包括:用于生产和验收的设计文件、工艺文件等技术文件和图样是否齐备,工装、设备、检测工具和仪表等是否齐全,是否符合小批量试生产要求;承制单位质量体系运行是否正常,产品质量是否受控、稳定。

(11)存在问题的处理意见。说明装备尚存在的问题及其处理意见。如无问题亦应明确指出;若存在不符合项目,应单独说明原因,并分析对装备使用的影响。

(12)对列装定型阶段有关工作的建议。分别提出对鉴定定型试验总案调整、作战试验开展时机、批生产条件建设需求、小批量试生产数量、作战试验试验单位等方面的建议。

(13)装备符合状态鉴定标准和要求的程度及审查结论。

①依据《装备试验鉴定条例》和 TE－ABA－001—2019,对装备符合状态鉴定标准和要求的程度给出审查意见:

a)装备是否完成规定的状态鉴定性能试验,性能是否达到批准的研制立项批复、研制总要求、鉴定定型试验总案和规定的标准,装备性能底数是否明确;

b)装备是否符合全军装备体制、装备技术体制和通用化、系列化、组合化要求;

c)设计图样(含软件源程序)和相关文件资料是否完整、准确、协调、规范,软件文档是否符合有关国家军用标准的规定,是否能够指导小批量试生产,技术说明书和使用维护说明书等用户技术资料是否基本满足部队使用维护需求;

d)配套是否齐全,能独立考核的配套设备、部件、器件、原材料、软件等是否已完成逐级考核,小批量试生产工艺和生产条件是否已通过审查;

e)配套产品质量是否可靠,是否具有稳定的供货来源,国产元器件使用比例、安全性等是否达到标准;

f)承制单位是否具备军队或国家认可的装备科研、生产资格,质量管理体系运行是否有效,状态鉴定性能试验反馈问题是否已解决或有明确结论,暂未解决的是否有解决措施和计划。对于大型装备,可按条目分节描述;对于配套产品可合并描述;含配套软件的装备应当给出软件(含版本号)是否满足军用软件产品状态鉴定相关要求的结论性意见。对于出现过重大技术质量问题的装备,应当概述其归零结论;对于尚存在遗留问题的装备应给出是否影响状态鉴定工作的结论,不存在遗留问题的亦应明确说明。

②审查结论通常为以下情况:

a.装备符合状态鉴定标准和要求,同意通过状态鉴定审查,建议批准状态鉴定;

b.装备不符合状态鉴定标准和要求,建议装备承制单位解决存在的问题后,重新申请状态鉴定。

5.3 《状态鉴定申请》

1. 范 围

本部分规定了装备状态鉴定申请的编制依据与原则、编制内容与要求、编制格式与签署。本部分适用于装备(含配套军工产品)状态鉴定申请的编制。

2. 引用文件

下列文件中的有关条款通过引用而成为本部分的条款。凡注日期或版次的引用文件,其后的任何修改单(不包含勘误的内容)或修订版本都不适用于本部分,但提倡使用本部分的各方探讨使用其最新版本的可能性。凡不注日期或版次的引用文件,其最新版本适用于本部分。

GJB 5100《军队机关公文格式》;

TE-ABA-001—2019《装备试验鉴定程序和要求》;

TE ADD-004—2019《装备状态鉴定文件编制指南第 1 部分:总则》。

3. 编制依据与原则

1)编制依据

状态鉴定申请编制依据主要包括:

(1)装备试验鉴定相关法规;

(2)TE-ABA-001—2019;

(3)研制立项批复;

(4)研制总要求或研制任务书、研制合同等;

(5)鉴定定型试验总案;

(6)性能试验大纲、性能试验报告等;

(7)其他。

2)编制原则

状态鉴定申请编制原则主要包括:

(1)完整性:全面、系统地反映装备符合状态鉴定标准和要求的情况,内容完整；

（2）准确性：客观、公正地描述装备研制过程及试验考核情况，主要战术技术指标等相关数据应准确无误；

（3）协调性：与性能试验报告、研制总结等相关技术文件内容协调一致，可追溯；

（4）规范性：贯彻国家和军队的有关方针、政策，落实装备试验鉴定有关法规要求，层次清晰、表述简明、格式规范。

4. 编制内容与要求

（1）研制任务来源。说明装备研制任务形成的主要情况，一般包括：研制立项批复、研制总要求（或研制任务书、研制合同等）下达的时间、机关、文号、文件名称等。

（2）装备简介。说明装备的基本情况，一般包括：装备的使命任务（或主要用途）、组成，主要承制单位及分工情况等。

（3）装备研制概况。说明装备研制过程，一般包括：方案阶段、工程研制阶段、状态鉴定阶段等工作阶段的起止时间、主要工作内容及完成情况，研制过程中出现的重大技术质量问题及归零情况等。装备如包含配套软件，则应单独说明软件研制情况。

（4）状态鉴定性能试验概况。说明状态鉴定性能试验情况，主要包括：状态鉴定功能性能试验、状态鉴定电磁兼容性试验、状态鉴定环境鉴定试验、状态鉴定可靠性鉴定试验、状态鉴定测试性试验、状态鉴定运行试验（行驶试验、航行试验、飞行试验）等装备状态鉴定性能试验的试验依据、试验单位、试验时间及地点、主要试验内容、试验中暴露的主要问题、意见建议及处理情况、试验结论等；软件测评的测评依据、测评机构、测评时间、主要测试内容、测评结论及版本号，发现的重大问题及回归测试结论等。

（5）装备满足研制总要求和鉴定定型试验总案情况。依据状态鉴定性能试验的结论，说明装备符合研制总要求（或研制任务书、研制合同等）、鉴定定型试验总案和规定标准的程度。通常以表格形式给出装备主要战术技术指标要求及使用要求、实测值、数据来源、考核方式及符合情况，给出装备主要战术技术指标的性能底数。

（6）小批量试生产工艺和生产条件审查情况。从组织单位、审查时间、审查内容、审查结论等方面,说明小批量试生产工艺和生产条件审查情况。

(7)存在的问题和解决措施。说明装备尚存在的问题及解决措施意见,如无问题亦应明确说明。

(8)装备状态鉴定意见。依据《装备试验鉴定条例》和 TE－ABA－001－2019,视装备复杂程度逐条说明或综合说明装备是否具备状态鉴定的条件,主要包括:

①装备是否完成规定的状态鉴定性能试验,性能是否达到批准的研制立项批复、研制总要求、鉴定定型试验总案和规定的标准,装备性能底数是否明确,结论应与《状态鉴定审查意见书》中 4.5 内容一致;

②装备是否符合全军装备体制、装备技术体制和通用化、系列化、组合化要求;

③设计图样(含软件源程序)和相关文件资料是否完整、准确、协调、规范,软件文档是否符合有关国家军用标准的规定,是否能够指导小批量试生产,技术说明书和使用维护说明书等用户技术资料是否基本满足部队使用维护需求;

④配套是否齐全,能独立考核的配套设备、部件、器件、原材料、软件等是否已完成逐级考核,小批量试生产工艺和生产条件是否已通过审查;

⑤配套产品质量是否可靠,是否具有稳定的供货来源,国产元器件使用比例、安全性等是否达到标准;

⑥承制单位是否具备军队或国家认可的装备科研、生产资格,质量管理体系运行是否有效,状态鉴定性能试验反馈问题是否已解决或有明确结论,暂未解决的是否有解决措施和计划;

⑦给出装备是否具备状态鉴定条件的结论性意见,提出状态鉴定申请。

(9)附件。状态鉴定申请一般包括以下附件:

①研制总结;

②产品规范;

③军事代表对装备状态鉴定的意见;

④状态鉴定文件清单;

⑤军兵种装备管理部门或军委机关分管装备机构规定的其他文件。

5. 编制格式与签发

按 TE‑ABB‑004—2019 和 GJB 5100 的格式要求进行编制,按规定程序签发上报。

5.4 《状态鉴定性能试验大纲》

1. 范围

本部分规定了装备状态鉴定性能试验大纲的编制依据与原则、编制内容与要求、编制格式与签署。本部分适用于装备(含配套军工产品)状态鉴定性能试验大纲编制,设计验证性能试验大纲的编制可参照执行。

2. 引用文件

下列文件中的有关条款通过引用而成为本部分的条款。凡注日期或版次的引用文件,其后的任何修改单(不包含勘误的内容)或修订版本都不适用于本部分,但提倡使用本部分的各方探讨使用其最新版本的可能性。凡不注日期或版次的引用文件,其最新版本适用于本部分。

TE‑ABA‑001—2019《装备试验鉴定程序和要求》;

TE‑ABB‑004—2019《装备状态鉴定文件编制指南第 1 部分:总则》。

3. 编制依据与原则

1)编制依据

状态鉴定性能试验大纲编制依据主要包括:

(1)装备试验鉴定相关法规;

(2)TE‑ABA‑001—2019;

(3)研制立项批复;

(4)研制总要求或研制任务书、研制合同等;

(5)鉴定定型试验总案;

(6)其他。

2)编制原则

状态鉴定性能试验大纲编制原则主要包括:

(1)完整性:试验项目设置应全面系统地考核被试装备(或被试品)是否满

足研制总要求规定的战术技术指标要求；

（2）准确性：突出复杂电磁环境、复杂地理环境、复杂气象环境、复杂水文环境和近似实战环境等条件，在保证试验质量的前提下，状态鉴定性能试验大纲设计科学高效，方法合理可行，评定准则客观准确；

（3）协调性：与研制总要求、鉴定定型试验总案等相关文件内容协调一致，并可追溯；

（4）规范性：贯彻国家和军队的有关方针、政策，落实装备试验鉴定有关法规要求，层次清晰，表述简明，格式规范。

4.编制内容与要求

（1）任务依据。

①任务来源。说明装备状态鉴定性能试验年度计划或上级下达的试验任务。

②依据文件。列出研制总要求、鉴定定型试验总案，国家标准、国家军用标准，应包括相关文件下达的机关、文号、文件名称、标准名称等。

（2）试验性质。状态鉴定性能试验。

（3）试验目的。考核装备主要战术技术指标及其边界性能是否满足研制总要求、鉴定定型试验总案和有关标准的相关规定，获取复杂环境及边界条件下的装备性能底数，为装备状态鉴定提供依据。

（4）试验时间和地点。说明试验任务的试验时间、地点或区域（陆域、水域、空域）。

（5）被试装备（或被试品）、陪试装备（或陪试品）数量及技术状态。

①被试装备（或被试品）。说明被试装备（或被试品）的名称、种类、数量、提供单位，以及技术状态（含软件的版本号）。

②陪试装备（或陪试品）。说明陪试装备（或陪试品）的名称、种类、数量、提供单位，及其技术状态（含软件的版本号）。

（6）试验项目、方法及要求。针对每项试验项目，逐一说明试验项目的方法及要求，内容包括：

①试验目的：试验项目一般应描述试验目的。

②试验条件：说明试验环境条件，目标与威胁的名称、种类、数量及技术要求，战术使用条件，试验保障条件，操作人员要求等。

③试验方法:说明采用的试验方法及其依据。

④数据处理:说明数据处理的数学模型和统计评估方法。当数学模型和处理过程比较复杂时,可增加附录进行补充说明,也可根据需要对数据处理方法汇总描述。

⑤评定准则:说明依据研制总要求、鉴定定型试验总案等制定的合格判据。

(7)测试测量要求。明确试验测试测量参数的类型和准确度要求。根据需要可汇总描述。

(8)试验的暂停、中断、恢复和终止。按 TE-ABA-001—2019 中 6.2.4 的要求编制。

(9)试验组织及任务分工。列出试验组织单位和参试单位,明确试验组织形式、任务分工。参试单位一般包括其他试验单位、试验保障单位、被试装备(或被试品)研制单位、陪试装备(或陪试品)提供单位、其他参试装备的研制单位以及军内相关单位等。

(10)试验保障。试验保障主要包括保障单位、保障内容和要求等。

(11)试验安全与保密。一般包括对人员、装备、设施、信息及周边环境等的安全及保密要求。

(12)有关问题说明。对状态鉴定性能试验大纲中需要说明的问题进行说明。一般包括:

①试验方法与相关试验标准差异的说明;

②按 TE-ABA-001—2019 中的 6.2.3 的要求进行试验数据采信的说明;

③有关综合性试验项目的说明;

④其他需要说明的问题。

(13)试验实施网络图。以网络图的形式表现相关试验项目的实施和完成周期。

(14)附录。附录主要是对"状态鉴定性能试验大纲"正文内容的补充和说明,包括状态鉴定性能试验大纲与研制总要求对照表、状态鉴定性能试验项目一览表、状态鉴定性能试验可靠性鉴定试验大纲、状态鉴定性能试验维修性验证试验大纲等,可根据试验要求的不同进行增减。

5. 编制说明

详细说明试验项目能否全面考核研制总要求规定的战术技术指标和作战使用要求,并对有关试验规范的引用情况及剪裁理由等进行说明。

6. 编制格式与签署

状态鉴定性能试验大纲按 TE－ABB－004—2019 的格式要求进行编制,并完成签署。

5.5　《状态鉴定性能试验报告》

1. 范围

本部分规定了装备状态鉴定性能试验报告的编制依据与原则、编制内容与要求、编制格式与签署。本部分适用于装备(含配套军工产品)状态鉴定性能试验报告的编制。装备设计验证性能试验报告的编制可参照执行。

2. 引用文件

下列文件中的有关条款通过引用而成为本部分的条款。凡注日期或版次的引用文件,其后的任何修改单(不包含勘误的内容)或修订版本都不适用于本部分,但提倡使用本部分的各方探讨使用其最新版本的可能性。凡不注日期或版次的引用文件,其最新版本适用于本部分。

TE－ABA－001—2019《装备试验鉴定程序和要求》;

TE－AAA－002—2019《装备试验鉴定问题分类》;

TE－ABB－004—2019《装备状态鉴定文件编制指南第 1 部分:总则》。

3. 编制依据与原则

1)编制依据

状态鉴定性能试验报告编制依据主要包括:

(1)装备试验鉴定的有关法规;

(2)TE－ABA－001—2019;

(3)装备研制总要求或研制任务书、研制合同等;

(4)鉴定定型试验总案;

(5)状态鉴定性能试验大纲;

(6)其他。

2)编制原则

状态鉴定性能试验报告编制原则主要包括：

(1)完整性：全面描述状态鉴定性能试验大纲执行情况、试验项目完成情况、被试装备(或被试品)暴露的主要问题及解决情况、试验结果和结论，内容完整；

(2)准确性：实事求是地反映试验情况，使用的数据、图样、照片、视频等资料真实可靠，试验结果分析过程严谨，试验结论科学合理、可追溯，试验评价客观、公正；

(3)协调性：与装备研制总要求、鉴定定型试验总案、状态鉴定性能试验大纲等文件协调一致；

(4)规范性：贯彻国家和军队的有关方针、政策，落实装备试验鉴定有关法规要求，层次清晰，表述简明，格式规范。

4.编制内容与要求

1)被试装备(或被试品)全貌照片

被试装备(或被试品)全貌照片应满足 TE－ABB－004—2019 中 5.5.1 要求，应反映全系统连接全貌；软件产品应反映主要工作画面。数量应适当，一般不少于 2 幅，且背景应简洁单一。

2)试验概况

(1)任务来源和编制依据。一般包括任务下达机关和任务编号，装备研制总要求或研制任务书、研制合同，批复的鉴定定型试验总案、试验大纲，相关国家标准与国家军用标准，试验数据和试验结果，试验期间相关会议纪要。

(2)试验性质和试验目的。

(3)试验起止时间和试验地点。一般包括整个试验或某个试验段的起止时间和地点，以及试验中断、试验恢复、试验终止情况。

(4)被试装备(或被试品)。一般包括被试装备(或被试品)名称、代号、数量、批号/编号、技术状态及承制单位，含要求配备的装备随机文件、软件(含版本号)；被试装备(或被试品)试验与消耗情况，被试装备(或被试品)技术状态在试验中更改情况；如被试装备(或被试品)的数量与试验前批复的试验大纲要求相比有所调整，应予以说明。

(5)陪试装备(或陪试品)。一般包括陪试装备(或陪试品)名称、数量、技术状态,陪试装备(或陪试品)试验消耗情况;如陪试装备(或陪试品)的数量和技术状态与试验前批复的试验大纲要求相比有所调整,应予以说明。

(6)试验条件。一般包括地形地貌、气象水文、电磁环境、对抗环境等信息。

(7)试验大纲规定的项目完成情况,以及被试装备(或被试品)出现技术问题总体情况。

(8)试验大纲变更情况。

(9)试验外包和数据采信情况。

(10)参加试验单位。一般包括承试单位;被试装备(或被试品)操作人员所属单位、主要陪试装备(或陪试品)操作人员所属单位;提供测试、保障服务的外部单位;参加试验的其他部队、军事代表系统、装备承制单位等。

(11)其他需要说明的事项。必要时,说明关键的非标测试设备测试软件版本、主要测试设备名称和精度。

3)试验内容和结果

(1)每个试验项目都应简要说明其试验的目的、试验条件、试验方法。根据具体情况,可分别单列试验条件、试验方法,也可将试验条件和试验方法合并描述。

(2)详细说明试验数据和信息,根据需要提供相关照片索引号且与附件相对应。必要时简要说明试验中出现的问题和解决情况。对于通用质量特性试验项目,依据有关故障判据进行故障统计。对于一个可能产生多个类别试验数据和信息的试验项目,应分类全部列出。

(3)给出试验结果,必要时应描述数据处理过程。有特殊情况时,还应说明:

①对装备配套的技术文件(如技术说明书、使用维护说明书、模型等)进行检查时应给出检验结果;

②装备操作使用人员、维护保障人员对被试装备(或被试品)的评价,一般包括使用的方便性、功能的完备性、设计的合理性等;

③属于边界性能试验项目,应给出试验结果;

④如被试装备(或被试品)某一项战技指标需要多个试验项目的相关试验数据和信息进行综合评估时,一般在主要考核该项战技指标试验项目中,将所

有试验项目相关数据和信息进行综合评定。

（4）给出试验项目结论。按照试验大纲指定的判定准则，给出是否满足研制总要求或研制任务书、研制合同中战术技术指标要求的结论。

4）试验中出现的主要问题及处理情况

逐个说明出现的主要问题及处理情况，主要包括：

（1）问题描述。说明问题发生的时机、对象、试验条件、现象、产生后果等。

（2）问题分析。说明对问题的定位、产生原因，按 TE－AAA－002－2019 说明问题性质。

（3）解决措施。说明问题处置采取的措施。

（4）试验验证。说明措施实施后试验验证情况。

（5）归零情况。说明问题归零情况，给出问题是否归零的结论，对已完成试验项目的影响，以及举一反三情况。

5）结论

结论主要包括：

（1）指标达标情况。依据研制总要求或研制任务书、研制合同对试验结果进行综合对比评定，附战术技术指标符合性对照表。

（2）总体评价。对被试装备（或被试品）是否通过状态鉴定性能试验给出结论性意见。

6）存在问题与建议

（1）存在问题。说明被试装备（或被试品）存在的主要问题。如果没有存在问题，也应明确说明。

（2）建议。根据试验结果，从装备研制、生产、编配、训练、作战使用和技术保障、后续试验等方面，提出建议。

7）附件

报告正文中有关需要详细说明的内容和试验结果具体数据，或者用于理解报告内容的附加信息，可采用附件形式给出。一般包括：

（1）战术技术指标符合性对照表；

（2）试验中出现的问题汇总表；

（3）必要的试验数据图表；

（4）试验报告引用文件表；

（5）被试装备（或被试品）和陪试装备（或陪试品）一览表；

（6）必要的外包试验报告、仿真试验报告、计算分析报告和数据采信报告；

（7）典型试验场景照片，如主要试验现场、主要毁伤效果、主要故障特写等，必要的陪试装备（或陪试品）照片；

（8）其他需要说明的问题或参考性资料。

5. 编制格式与签署

状态鉴定性能试验报告按 TE - ABB - 004 - 2019 的格式要求进行编制，并完成签署。

5.6　《可靠性、维修性、测试性、保障性、安全性、环境适应性工作报告》

1. 范围

本部分规定了装备状态鉴定可靠性、维修性、测试性、保障性、安全性、环境适应性工作报告的编制依据与原则、编制内容与要求、编制格式与签署。本部分适用于装备（含配套军工产品）可靠性、维修性、测试性、保障性、安全性、环境适应性工作报告的编制。

2. 引用文件

下列文件中的有关条款通过引用而成为本部分的条款。凡注日期或版次的引用文件，其后的任何修改单（不包含勘误的内容）或修订版本都不适用于本部分，但提倡使用本部分的各方探讨使用其最新版本的可能性。凡不注日期或版次的引用文件，其最新版本适用于本部分。

GJB 368《装备维修性工作通用要求》；

GJB 450《装备可靠性工作通用要求》；

GJB 813《可靠性模型的建立和可靠性预计》；

GJB 899《可靠性鉴定和验收试验》；

GJB 900《装备安全性工作通用要求》；

GJB 1371《装备保障性分析》；

GJB 2072《维修性试验与评定》；

GJB 2547《装备测试性工作通用要求》；

GJB 3872《装备综合保障通用要求》；

GJB 4239《装备环境工程通用要求》；

GJB/Z 57《维修性分配与预计手册》；

GJB/Z 99《系统安全工程手册》；

GJB/Z 108《电子设备非工作状态可靠性预计手册》；

GJB/Z 145《维修性建模指南》；

GJB/Z 299《电子设备可靠性预计手册》；

GJB/Z 1391《故障模式、影响及危害性分析指南》；

TE-ABB-004—2019《装备状态鉴定文件编制指南》。

3. 编制依据与原则

1）编制依据

可靠性、维修性、测试性、保障性、安全性环境适应性工作报告的编制依据主要包括：

（1）装备试验鉴定有关法规；

（2）GJB 450、GJB 368、GJB 2547、GJB 3872、GJB 900、GJB 899、GJB 2072、GJB 4239 等相关标准；

（3）研制总要求或研制任务书、研制合同；

（4）鉴定定型试验总案；

（5）状态鉴定性能试验大纲和状态鉴定性能试验报告；

（6）其他。

2）编制原则

可靠性、维修性、测试性、保障性、安全性环境适应性工作报告的编制原则主要包括：

（1）完整性：全面梳理、归纳、总结装备可靠性、维修性、测试性、保障性、安全性、环境适应性的设计情况及性能试验情况，内容完整；

（2）准确性：紧密结合装备的可靠性、维修性、测试性、保障性、安全性、环境适应性设计情况及性能试验情况，相关数据和结论应准确无误；

（3）协调性：与支撑装备可靠性、维修性、测试性、保障性、安全性环境适应性评估的鉴定定型试验总案、试验大纲、试验报告等技术文件协调一致，并可追溯；

（4）规范性：贯彻国家和军队的有关方针、政策，落实装备试验鉴定有关法规的相关要求，编制格式、术语、定义等符合相关标准要求，层次清晰、表述简明、格式规范。

4. 编制内容与要求

1）概述

（1）装备概述主要包括：

①装备用途；

②装备组成。

（2）工作概述主要包括：

①研制过程；

②可靠性、维修性、测试性、保障性、安全性环境适应性工作组织机构及运行管理情况；

③可靠性、维修性、测试性、保障性、安全性环境适应性文件的制定与执行情况。

2）定性与定量要求

逐条列出研制总要求或研制任务书、研制合同中的可靠性、维修性、测试性、保障性、安全性、环境适应性的定性与定量要求，主要包括：

（1）综合参数指标要求；

（2）可靠性要求；

（3）维修性要求；

（4）测试性要求；

（5）保障性要求；

（6）安全性要求；

（7）环境适应性要求。

3）设计情况

（1）可靠性设计情况主要包括：

①可靠性建模、分配与预计,应按 GJB 813、GJB/Z 108、GJB/Z 299 及相关标准或方法执行;

②故障模式、影响及危害性分析,应按 GJB/Z 1391 执行;

③可靠性设计采取的主要技术措施及效果;

④其他可靠性工作项目完成情况。

(2)维修性设计情况主要包括:

①维修性建模,应按 GJB/Z 145 及相关标准执行;

②维修性分配与预计,应按 GJB/Z 57 执行;

③维修性设计采取的主要技术措施及效果;

④其他维修性工作项目完成情况。

(3)测试性设计情况主要包括:

①测试性建模、分配与预计,应按 GJB 2547 及相关标准或方法执行;

②测试性设计采取的主要技术措施及效果;

③其他测试性工作项目完成情况。

(4)保障性设计情况主要包括:

①保障性分析按 GJB 1371 及相关标准执行;

②保障性设计采取的主要技术措施及效果;

③其他保障性工作项目完成情况。

(5)安全性设计情况主要包括:

①安全性分析,应按 GJB/Z 99 相关标准或方法执行;

②安全性设计采取的主要技术措施及效果;

③其他安全性工作项目完成情况。

(6)环境适应性设计情况主要包括:

①环境适应性分析,应按 GJB 4239 相关标准或方法执行;

②环境适应性设计采取的主要技术措施及效果;

③其他环境适应性工作项目完成情况。

4)试验情况

(1)设计验证性能试验。说明工程研制阶段可靠性、维修性、测试性、保障性、安全性、环境适应性的设计验证性能试验情况,主要包括:试验时间、试验地点、试验条件和方法、试验结果、试验中出现的主要问题及处理情况、结论、意见与建议等。

(2)状态鉴定性能试验。说明状态鉴定阶段可靠性、维修性、测试性、保障性、安全性、环境适应性的状态鉴定性能试验情况,主要包括:试验时间、试验地点、试验条件和方法、试验结果、试验中出现的主要问题及处理情况、结论、意见与建议等。

5)评估

(1)综合参数指标评估,主要说明综合参数指标最低可接受值的达标情况。

(2)可靠性评估,主要包括:

①可靠性指标最低可接受值的达标情况;

②可靠性定性要求的满足情况,可靠性增长措施的符合性验证和试验结论;

③可靠性改进情况的符合性结论;

④可靠性管理控制措施的有效性结论。

(3)维修性评估,主要包括:

①维修性指标最低可接受值的达标情况;

②维修性定性要求的满足情况,可达性、互换性、防差错等措施的符合性验证及试验结论;

③维修性改进情况的符合性结论;

④维修性管理控制措施的有效性结论。

(4)测试性评估,主要包括:

①测试性指标最低可接受值的达标情况;

②测试性定性要求的满足情况,机内检测设备(BIT)、测试体制、测试机制、测试性设计措施的符合性验证和试验结论;

③测试性改进情况的符合性结论;

④测试性管理控制措施的有效性结论。

(5)保障性评估,主要包括:

①保障性指标最低可接受值的达标情况;

②保障性定性要求的满足情况,保障机制体制、培训策划、保障性设计措施的符合性验证和试验结论;

③保障性改进情况的符合性结论;

④保障性管理控制措施的有效性结论。

(6)安全性评估,主要包括:

①安全性指标最低可接受值的达标情况;

②安全性定性要求的满足情况,安全性设计措施的符合性验证和试验结论;

③安全性改进情况的符合性结论;

④安全性管理控制措施的有效性结论。

(7)环境适应性评估,主要包括:

①环境适应性指标的达标情况;

②环境适应性定性要求的满足情况,环境适应性设计措施的符合性验证和试验结论;

③环境适应性改进情况的符合性结论;

④环境适应性管理控制措施的有效性结论。

6)存在的问题及建议

对尚存在问题进行详细说明,并提出改进建议。

7)结论

给出是否满足状态鉴定要求的结论意见。

8)附件

必要时以附件形式提供试验报告等专项报告。

5.编制格式与签署

可靠性、维修性、测试性、保障性、安全性、环境适应性工作报告按 TE - ABB - 004—2019 的格式要求进行编制,并完成签署。

5.7 《装备作战试验工作指南》

1.范围

本指导性技术文件规定了装备作战试验工作的基本内容、程序及要求。本指导性技术文件适用于新研和改进、改型装备(含配套军工产品),以及单独立项研制的装备分系统、设备作战试验工作。应急采购装备等可参照执行。

2. 引用文件

下列文件中的有关条款通过引用而成为本指导性技术文件的条款。凡注日期或版次的引用文件,其后的任何修改单(不包含勘误的内容)或修订版本都不适用于本指导性技术文件,但提倡使用本指导性技术文件的各方探讨使用其最新版本的可能性。凡不注日期或版次的引用文件,其最新版本适用于本指导性技术文件。

TE-AAA-001—2019《装备试验鉴定术语》;

TE-AAA-002—2019《装备试验鉴定问题分类》;

TE-ABA-001—2019《装备试验鉴定程序和要求》;

TE-ABA-004—2019《装备试验鉴定问题反馈与处理》;

TE-ABC-009—2019《装备列装定型文件编制指南 第 7 部分:作战试验想定》;

TE-ABC-010—2019《装备列装定型文件编制指南 第 8 部分:作战试验大纲》;

TE-ABC-011—2019《装备列装定型文件编制指南 第 9 部分:作战试验报告》;

TE-ABC-013—2019《装备列装定型文件编制指南 第 11 部分:缺陷报告》。

3. 术语和定义

TE-AAA-001—2019 确立的术语和定义适用于本指导性技术文件。

4. 基本要求

1)总则

作战试验是在近似实战战场环境和对抗条件下,对装备完成作战使命任务的作战效能和适用性等进行考核与评估的装备试验活动。作战试验主要依托部队、军队装备试验基地、军队院校及科研机构等联合实施,验证装备完成规定作战使命任务的能力,摸清装备在典型作战任务剖面下的作战效能和适用性底数,并探索装备作战运用方式等。作战试验结论是装备列装定型的基本依据。

2)工作依据

装备作战试验工作开展的主要依据包括:

(1)装备试验鉴定有关法规;

（2）TE－ABA－001—2019；

（3）研制立项批复；

（4）研制总要求或研制任务书、研制合同等；

（5）鉴定定型试验总案；

（6）装备作战试验年度计划或任务批复；

（7）其他依据性文件。

3）基本原则

装备作战试验工作通常应遵循以下原则：

（1）定位准确：作战试验应聚焦装备使命任务，确保试验目标与作战需求紧密关联；突出装备作战效能和适用性考核，切实摸清装备效能底数；探索装备作战运用方式，服务装备战斗力生成。

（2）系统设计：作战试验设计应持续评估，做到初期作战评估、中期作战评估、作战试验有机衔接、逐步深化；注重效率，尽可能实现资源共享；立足装备建设大局，充分发挥装备科研订购、训练管理等系统的作用。

（3）贴近实战：作战试验实施应坚持将被试装备融入相对完整的装备体系，在体系中试验与评估；突出作战部队主体地位，确保试验的典型性和普适性；构设贴近实战的战场环境和典型对抗场景，做到试验场与战场的有效衔接；配套作战试验想定，按实际作战流程实施试验项目；成建制成体系组织实施，助推列装编配、战法、训法、保法的创新和完善。

（4）客观公正：作战试验评估应力争考核指标体系全面系统、试验数据真实充分、评估方法权威准确、评估结论客观公正，有效支撑装备列装定型、作战运用和改进改型决策。

4）试验对象

作战试验对象是小批量试生产装备，或经装备试验鉴定管理部门批准、符合状态鉴定技术状态的正样机（试样机）。初期作战评估和中期作战评估对象为仿真模型、实体模型、部件或分系统、集成系统、工程研制样机等。

5. 程序及要求

1）基本程序

装备作战试验通常按照以下程序组织开展：

(1)初期作战评估；

(2)中期作战评估；

(3)作战试验方案论证（必要时）；

(4)作战试验申请；

(5)作战试验想定与作战试验大纲编制；

(6)作战试验准备；

(7)作战试验实施；

(8)问题反馈与处理；

(9)作战试验报告编制。

2）初期作战评估

(1)组织实施。初期作战评估由装备试验鉴定管理部门组织，机关指定的作战试验总体单位具体实施。初期作战评估完成后应及时编制初期作战评估报告，报装备试验鉴定管理部门，并提供给装备研制管理部门，在装备研制过程中参考。初期作战评估通常在装备立项批复后、研制总要求批复前开展。

(2)评估内容。初期作战评估的工作内容主要包括：

①对有关性能、效能指标体系完整性和指标的可测性、可试性等进行评估；

②根据立项论证报告和研制总要求中有关性能、效能指标及装备研制总体技术方案，预测装备作战效能和适用性等方面可能存在的问题；

③提出后续开展作战试验项目和作战试验条件建设的建议；

④初期作战评估主要采用定量评估与定性评估相结合的方法。定量评估主要采用解析计算或模拟仿真的方法，定性评估主要采用专家评判、部队调研的方法。

(3)评估报告。初期作战评估报告通常包括以下内容：

①评估对象；

②评估依据；

③评估条件；

④评估方法；

⑤评估结论；

⑥意见建议；

⑦其他。

3)中期作战评估

(1)组织实施。中期作战评估由装备试验鉴定管理部门组织,机关指定的作战试验总体单位具体实施。中期作战评估完成后应及时编制中期作战评估报告,并报装备试验鉴定管理部门,为装备状态鉴定决策和后续装备作战试验提供参考。中期作战评估通常在启动装备工程研制后、状态鉴定审查前开展。

(2)评估内容。中期作战评估的工作内容主要包括:

①对装备潜在作战效能和适用性等进行预测评估,从作战运用角度,提出对装备研制的意见建议;

②在确保试验条件有效的情况下,结合性能试验开展部分作战试验,为作战试验综合评估积累数据;提出可用于作战试验评估的性能试验项目、数据及采信策略,并对作战试验提出意见建议;

③中期作战评估可以利用前期试验结果、建模与仿真数据与其他来源的数据,从作战试验角度对这些数据进行分析评估。通常可采用解析计算、半实物仿真、实物仿真、样机试验和专家评判等方法。

(3)评估报告。中期作战评估报告通常包括以下内容:

①评估对象;

②评估依据;

③评估条件;

④评估指标;

⑤评估方法与标准;

⑥评估结论;

⑦意见建议;

⑧其他。

4)作战试验方案论证(必要时)

未制定装备鉴定定型试验总案时,应编制作战试验方案。作战试验方案在转入作战试验阶段前完成报批,报批程序同装备鉴定定型试验总案报批要求。

5)作战试验申请

(1)申请提出。具备条件时,研制单位以书面形式向军兵种装备主管部门或军委机关分管装备机构提出作战试验申请,军事代表机构(或军队其他履行相应职能的单位)应出具书面意见。

(2)申请条件。申请作战试验时,通常应具备以下条件:

①被试装备已批准状态鉴定;

②小批量试生产装备验收合格;

③小批量试生产装备数量、技术状态满足作战试验要求;

④被试装备配套的保障资源满足作战试验要求并通过技术状态确认,保障资源包括保障设施、设备,维修(检测)设备和工具,必需的备件以及作战试验所需仿真模型等;

⑤具备作战试验必需的技术文件,主要包括产品规范、技术说明书、操作使用说明书、软件使用文档,以及性能试验报告和中期作战评估报告等。对于特殊装备或在特殊情况下,当风险可控时经军兵种装备主管部门或军委机关分管装备机构批准,可适当放宽装备作战试验申请条件。

(3)申请报告。作战试验申请报告通常包括以下内容:

①装备概况;

②状态鉴定及遗留问题解决情况;

③小批量试生产情况;

④装备质量情况;

⑤装备检验验收情况;

⑥对作战试验的要求和建议;

⑦其他。

(4)申请审批。装备试验鉴定管理部门会同研制管理部门、合同监管部门等,对作战试验申请进行审核。符合要求时,将审核结果反馈给有关单位。不符合规定要求的,将申请文件退回申请单位并说明理由。

6)作战试验想定与作战试验大纲编制

(1)组织实施。作战试验想定和作战试验大纲是制定作战试验实施方案、组织实施试验和编写试验报告的基本依据。装备试验鉴定管理部门应组织作战试验单位、试验部队,依据批准的鉴定定型试验总案、研制总要求、作战试验年度计划等,编制作战试验想定和作战试验大纲。作战试验想定和作战试验大纲的具体编制通常由机关指定的作战试验总体单位牵头负责。作战试验想定和作战试验大纲应在装备鉴定定型试验总案批准后开始编制,在作战试验准备审查前完成报批。

(2)编制内容。

①作战试验想定内容。作战试验想定应按 TE－ABC－009—2019 编制,通常包括以下内容:

a.编制依据;

b.被试装备及运用要求;

c.作战总体构想;

d.具体作战试验想定;

e.附件。

②作战试验大纲内容。作战试验大纲应按 TE－ABC－010—2019 编制,通常包括以下内容:

a.任务依据;

b.试验目的;

c.参试装备与兵力;

d.试验时间与区域;

e.指标体系与评估准则;

f.试验项目;

g.试验流程;

h.试验数据采集与处理;

i.安全风险分析;

j.试验暂停、中断和终止;

k.试验保障;

l.试验组织与分工;

m.有关问题说明;

n.附录。

(3)编制要求。编制作战试验想定和作战试验大纲通常应把握以下要点:

①明确作战试验任务:在装备立项综合论证报告、研制总要求、装备鉴定定型试验总案,作战试验有关法规文件,相关作战条令、作战纲要、军事训练与考核大纲,相关国家标准、国家军用标准及业务标准等编制依据的基础上,明

确作战试验的被试装备、试验性质和试验目的等问题。

②编写作战试验想定：以被试装备使命任务为依据，对兵力编成、作战企图、作战行动过程，以及被试装备体系编成、使用原则、使用流程进行设想和假定，编写作战试验想定，用于指导兵力行动和装备使用。根据作战试验想定确定作战试验参试兵力和试验环境条件要求。

③筹划作战试验评估：主要是建立指标体系，确定评价方法。应当从作战试验需要回答的关键作战使用问题，逐层细化分解指标；逐一确定各级、各类指标的评估方法以及引用标准，明确评估所需数据的名称、类型、来源、标准和数据测量要求等。

④设计作战试验科目：以作战流程为主线设计试验科目，将作战试验数据测量统筹安排到各种环境条件下各类作战任务和作战流程中，建立数据测量与作战行动对应关系矩阵。受试验环境、条件等方面限制，实装科目难以开展时，应充分考虑采用仿真试验等替代试验方法。

⑤明确数据采集要求：应当明确测量工具、测量方法，测量参数的类型和精度要求，数据的采集、判读、预处理、传递、报告、归档的管理要求。

⑥提出试验资源需求与分工：汇总提出参试兵力、陪试装备、测试仪器设备、弹药、靶标、威胁物等试验资源需求，提出组织分工、试验保障、安全管理方案等。

（4）文档审批。

①作战试验想定和作战试验大纲编制完成后，装备试验鉴定管理部门应组织审查。审查组通常由作战训练部门、装备科研订购部门、装备合同监管部门、相关部队、试验单位、研制总要求论证单位、鉴定定型试验总案论证单位、承制单位（含其上级集团公司）、军事代表机构或军队其他有关单位的专家和代表，以及试验鉴定专家委员会专家和相关领域的专家组成，组长由装备试验鉴定管理部门指定，一般由军方专家担任。

②作战试验想定和作战试验大纲通过审查后，试验单位应将作战试验想定和作战试验大纲（附编制说明、审查组意见和专家意见表），报军兵种装备主管部门或军委机关分管装备机构审批下达。重要装备作战试验大纲报军委装备主管部门备案。

（5）文档变更。经批准的作战试验大纲和作战试验想定需变更时，由作战试验单位提出变更意见和理由,按原定审查程序办理审批。

7)作战试验准备

(1)组织实施。作战试验准备在军兵种装备主管部门或军委机关分管装备机构领导下,由装备试验鉴定管理部门牵头,训练管理部门等负责有关兵力调动、陪试装备调用、训练考核等工作,试验单位和试验部队根据作战试验大纲、按任务分工组织实施。必要时,可成立试验任务组织领导机构,统一组织领导作战试验准备和后续实施工作。

(2)文书准备。文书准备工作通常包括:

①编制作战试验实施方案(计划),主要内容包括任务概述、被试装备、考核评估内容、试验项目安排、试验条件设置、对抗及配试环境设置、数据采集要求、勤务保障、任务分工等。

②编制试验指挥文书,通常包括作战试验实施计划网络图、指挥协同程序、试验实施最低条件、测试测量方案等。

③准备操作规程,包括被试装备、配试装备、测试测量设备和靶标等操作规程。被试装备的操作规程由承制单位提供;配试装备、测试测量设备和靶标等操作规程由作战试验单位准备。

④编制保障预案,包括兵力调动及装备调拨计划、风险管控方案、通信保障方案、气象保障方案、政治工作方案、后勤装备保障方案、质量管理方案、安全管理预案、数据采集方案以及应急处理预案等。

(3)人员准备。人员准备工作通常包括:

①作战试验单位组织参试人员培训,考核达标方可上岗;

②对作战试验质量或结论有直接影响的上岗人员应进行资格确认;

③研制单位根据需要承担相应的培训任务,并提供必要的培训条件。

(4)装备准备。装备准备工作通常包括:

①装备交接:被试装备进场后,由试验单位组织,对其数量、质量和配套情况、质量证明文件等进行点验,并办理接收手续。

②装备技术准备:由试验单位负责,重点检查被试装备和参试装备技术状态、系统功能,做好装备计量和校验工作,以及装备维护保养工作。承制单位负责指导试验部队做好装备技术保障,负责解决被试装备出现的质量问题。

③弹药、维修器材准备:对于试验单位不能自主保障的弹药维修器材等特

殊装备,由上级主管部门按照有关规定协调请领,在作战试验实施前保障到位。

(5)条件准备。试验条件准备工作通常包括:

①场区地形勘察:采取图上作业与现地勘察相结合的方式,勘察试验场区地情、水情、空情等,掌握试验地区的空中管制情况、海上航行情况等。

②试验环境构设:按照试验大纲有关要求构设试验环境条件,主要包括复杂电磁环境和复杂自然环境等。

③试验勤务保障:保证试验任务正常运行的工作和生活条件,主要包括指挥信息系统、通信网络、气象、机要、测绘,以及军交运输、营房营具、卫勤、水电、道路维修等方面的保障。

④测试测量准备。试验单位做好测试测量装备的计量、检校,以及装备维护保养工作。

⑤试验条件建设:开展必要的试验条件建设,主要包括组织指挥、测试测量、环境构设、分析评估和基础保障等。

(6)准备情况审查。作战试验单位应组织准备工作自查。在转入作战试验实施前,装备试验鉴定管理部门应会同训练管理等有关部门,对试验准备情况进行审查,确保试验文书、人员、装备、条件等各项试验资源条件准备就绪。审查通过之后,作战试验单位方可实施作战试验项目。

8)作战试验实施。

(1)试验指挥。作战试验组织部门下发试验任务通知,视情成立试验现场指挥机构,负责现场试验任务的计划、指挥与协调。试验现场指挥机构成员可由参加作战试验的相关单位或部门共同组成,可设指挥组、总体组、实施组、测试组、保障组等若干小组。

(2)现场准备。作战试验单位和试验部队按照作战试验实施方案(计划)组织实施试验现场准备,通常包括:

①下发试验指挥文书;

②装备技术准备;

③人员训练,包括各级指挥人员的指挥协同程序训练、数据采集人员的协同训练;

④系统联调联试;

⑤质量评审等。

(3)组织试验。作战试验单位和试验部队按照指挥协同程序和试验实施方案(计划)有序推进试验进程,同步采集试验数据。其中,试验部队负责被试装备操作使用和作战运用;试验单位负责试验数据采集;研制单位全程参与试验,承担相关技术问题处理,并参与作战运用研究等。

(4)异常处置。作战试验实施过程中出现异常,通常按作战试验大纲、作战试验方案、应急处理预案等要求进行处置,通常包括:

①异常情况,一般包括主要参试装备意外损毁、重大故障不能正常运行,装备状况不能满足作战试验实施最低条件,重大人员伤亡事故,不可抗拒的天候或地质灾害等。

②遇有异常情况,作战试验单位应按照预案及时上报情况,并开展先期处置。

③试验过程中,出现装备主要作战使用性能不能满足部队作战使用要求,或者短期内难以排除的故障,或者发现重大安全隐患等情况,试验现场指挥部应暂停试验,并及时报告军兵种装备主管部门或军委机关分管装备机构。承制单位对试验中暴露的问题完成处理并经确认后,可向军兵种装备主管部门或军委机关分管装备机构提出恢复或重新试验的申请,经批准后,由作战试验单位继续实施。

④因异常情况需终止试验时,试验单位应及时上报。军兵种装备主管部门或军委机关分管装备机构应提出装备停止试验的意见建议。

(5)试验撤收。装备作战试验结束后,试验单位和试验部队应及时对试验后的被试装备、陪试装备、靶标器材和弹药等装备物资的损毁消耗情况进行登记造册,并按计划组织撤收。根据被试装备试验损毁情况,由军兵种装备主管部门或军委机关分管装备机构研究提出报废、返厂或直接调配到相关部队等意见。

9)问题反馈与处理

试验过程出现的问题,应按 TE-AAA-002—2019 进行分类分级,按 TE-ABA-004—2019 进行反馈。按问题分类和分级,相关部门组织责任单位进行问题整改、归零审查。装备试验鉴定管理部门审核整改情况,做出是否需要补充作战试验的决定。应对妨碍装备成功完成使命任务或使装备作战效能、适用性下降的功能缺陷、能力缺陷等进行分析,并按 TE - ABC - 013—2019 编制装备缺陷报告。

10)作战试验报告编制

(1)组织实施。试验结束后,试验单位和试验部队按作战试验大纲或试验任务通知明确的分工,及时完成相应的试验报告,作战试验报告主责单位完成作战试验报告编制。

(2)编制内容。作战试验报告应按 TE - ABC - 011—2019 编制,通常包括以下内容:

①试验任务概况;

②试验条件说明;

③试验项目说明;

④问题发现和处理;

⑤试验评估;

⑥意见建议;

⑦附录。

(3)报告审查。

作战试验报告编制完成后,由装备试验鉴定管理部门组织审查。审查组通常由作战训练部门、装备科研订购部门、装备合同监管部门、相关部队、试验单位、研制总要求论证单位、鉴定定型试验总案论证单位、承制单位(含其上级集团公司)、军事代表机构或军队其他有关单位的专家和代表,以及试验鉴定专家委员会专家和相关领域的专家组成,组长由装备试验鉴定管理部门指定,一般由军方专家担任。

报告审查通常以会议形式开展,并形成审查意见。审查标准和要求通常包括:

①报告内容要素是否完整;

②试验过程是否全面准确;

③试验数据及处理过程是否正确规范,比如数据及其产生的环境、条件、过程等记录是否完整,是否存在随意篡改、剔除试验数据等情况,是否正确采用了试验大纲或有关国家军用标准规定的数据处理方法等;

④试验结论是否客观公正;

⑤有关意见建议是否合理可行。

作战试验报告通过审查后,由各试验单位、试验部队联署报军兵种装备部或军委机关分管装备机构,并抄送试验鉴定管理部门、研制管理部门和研制单位。

6.作战试验保障

1)兵力保障

作战试验兵力保障按部队部署和兵力调动有关规定办理。

2)装备保障

(1)被试装备。军兵种装备主管部门或军委机关分管装备机构应依据年度作战试验任务,针对作战试验实际需要,结合装备生产能力,按照状态鉴定的技术状态,做好被试装备小批量试生产工作。

(2)陪试装备。作战试验单位要根据作战试验大纲、现有装备的数量和试验任务测试需要,科学预计各类陪试装备的保障需求。军委装备管理部门负责跨军兵种陪试装备调配,军兵种装备主管部门或军队有关部门负责军兵种内部陪试装备调配。试验单位或陪试装备提供单位应做好陪试装备技术保障工作。

3)条件保障

(1)条件建设。作战试验条件建设主要包括开展作战试验所需的共用性强、建设周期长、经费开支大的测试测量、靶标研制、环境构建、分析评估、固定设施建设等项目。

(2)使用消耗。作战试验使用消耗主要包括单次作战试验任务所需的特性要求高、建设周期短、应急性强、低值易耗靶标、外购原材料、辅助材料、成品、半成品、试验设备、保障器材、试验场地整治等项目。

4)经费保障

作战试验经费主要包括作战试验实施经费和作战试验条件建设经费两部分。作战试验实施经费,主要包括材料费、外协费、燃料动力费、会议费、差旅费、专家咨询费、人员培训费、试验补助费、装备维修费、使用消耗类条件保障费,以及必要的研究论证评估经费等,通常随年度作战试验计划下达。作战试验条件建设经费,主要保障有关作战试验条件建设,通常随年度试验条件建设计划下达。

5）其他保障

装备作战试验所需的其他保障装备、器材和物资等按照有关规定及渠道保障,涉及的气象、测绘、机要等工作分别由作战试验单位按有关条例规定组织实施。

5.8　《装备列装定型文件编制指南》

1. 范围

本部分规定了装备列装定型文件的编制依据、原则和格式等。本部分适用于装备(含配套军工产品)列装定型文件的编制。

2. 引用文件

下列文件中的有关条款通过引用而成为本部分的条款。凡注日期或版次的引用文件,其后的任何修改单(不包含勘误的内容)或修订版本都不适用于本部分,但提倡使用本部分的各方探讨使用其最新版本的可能性。凡不注日期或版次的引用文件,其最新版本适用于本部分。

GJB 0.1—2001《军用标准文件编制工作导则 第 1 部分:军用标准和指导性技术文件编写规定》;

GJB 190《特性分类》;

GJB 438《军用软件开发文档通用要求》;

GJB 5100《军队机关公文格式》;

GJB 6387《武器装备研制项目专用规范编写规定》;

TE‐ABA‐001—2019《装备试验鉴定程序和要求》;

TE‐AAB‐005—2019《装备鉴定定型试验总案编制指南。

3. 编制依据与原则

1）编制依据

列装定型总则的编制依据主要包括:

(1)装备试验鉴定有关法规;

（2）TE－ABA－001—2019；

（3）研制立项批复；

（4）研制总要求或研制任务书、研制合同等；

（5）鉴定定型试验总案；

（6）其他。

2）编制原则

列装定型总则的编制原则主要包括：

（1）完整性：列装定型文件的种类齐全、内容完整；

（2）准确性：列装定型文件的数据真实、结论准确；

（3）协调性：列装定型文件之间内容协调一致，并可追溯；

（4）规范性：列装定型文件应遵循国家和军队有关法规和标准的要求，层次清晰，表述简明，格式规范。

4.装备列装定型文件格式要求

1）技术文件

技术文件的编制应符合以下要求：

（1）技术文件的编制结构样式见附录 A。内容一般包括：硬质封面（合订本）、封面、签署页、目次页、正文、附录和参考文献等部分。其中，正文和附录等的章、条、表格、图、公式、量、单位等的编写应符合 GJB 0.1—2001 第 7 章的规定；目次的编排应符合 GJB 0.1—2001 中 6.2 的要求。

（2）技术文件幅面宜采用 A4（297 mm×210 mm）规格纸张，上下边距分别为 25 mm，左右边距分别为 30 mm。

（3）合订本的硬质封面结构样式见《装备列装定型文件编制指南》附录 B。内容应包括：列装定型文件、产品名称（全称）、共-册 第-册、承制单位名称（全称）等。

（4）单本的封面结构样式见《装备列装定型文件编制指南》附录 C。内容应包括：列装定型文件、文件名称（全称）、共-册 第-册、技术文件编制单位（全称）、密级、日期等。

（5）图样扉页结构样式见《装备列装定型文件编制指南》附录 D。内容应包括：列装定型文件、文件名称（全称）、共-册 第-册、承制单位名称（全称）、密级、日期等。

(6)签署页的结构样式见《装备列装定型文件编制指南》附录 E。内容应包括:文件名称(全称)、密级、签署页、编制、校对、审核、标审、会签、批准等栏目,并应注明日期。

(7)技术文件的内容等其他编制要求,应符合本指导性文件各部分的规定。

2)纸质图样

纸质图样的绘制应符合以下要求:

(1)图样内容一般包括:封面、扉页、正文等部分;

(2)封面、扉页的样式分别见《装备列装定型文件编制指南》附录 B、附录 C 和附录 D;

(3)行业图样管理制度。

3)装备照片

装备照片的编制应符合以下要求:

(1)装备照片应独立成册,幅面为 120 mm×90 mm 或 240 mm×180 mm。分辨率为 800 万(3264×2448)像素(含)以上;

(2)装备照片应能反应产品全貌、主要侧视面、主要组成部分和主要工作状态(战斗状态和行军状态等)等。

4)字号、字体、行间距与页码

(1)公文。按公文格式编写的装备列装定型文件字号字体、行间距与页码应按 GJB 5100 执行。

(2)技术文件格式。按技术文件格式编写的装备列装定型文件字号字体、行间距与页码应符合以下要求:

①硬质封面、封面和签署页的字号与字体分别见《装备列装定型文件编制指南》附录 B、附录 C 和附录 D;

②前言、目次等字样采用 3 号黑体,条文采用小 4 号宋体;

③正文文本一般采用小 4 号宋体(也可按需采用 4 号宋体);

④正文文本行间距为 21 磅;

⑤正文的章、条编号和标题采用 4 号黑体;

⑥图的编号和图题采用 5 号黑体;

⑦表的编号和表题采用 5 号黑体；

⑧表中的文字和数字采用小 5 号宋体；

⑨图注、图的脚注采用小 5 号宋体；

⑩附录编号、规范性附录、资料性附录、参考文献、索引等字样采用 5 号黑体；

⑪页码位于每页底部外侧，采用 4 号宋体阿拉伯数字，单页码居右空一字，双页码居左空一字。页码自技术文件正文开始连续标注。

5）标识与签署

装备列装定型文件的标识与签署等应符合以下要求：

（1）图样、简图的编号应按照行业图样管理规定，其他技术性列装定型文件的编号标识应符合有关规定；

（2）图样的更改，应当改、换底图，换发蓝图；

（3）列装定型文件的关键件、重要件特性的标注应符合 GJB 190 的规定；

（4）列装定型文件中选用的标准件、外协件和外购件等的标注应完整、正确，并符合有关标准的规定，完整的标注包括：产品名称、型号、规格、标准号或产品标准；进口的元器件应注明国名（地区）；

（5）列装定型文件的封面应有"列装定型"标识；

（6）列装定型文件除具有纸质文件外，还应按要求制作相应的电子文件；

（7）列装定型文件的签署程序、签署要求应当符合本指导性文件或行业管理的具体规定，并且完整、有效。

6）电子文件

（1）电子文件格式。状态鉴定电子文件格式应符合以下要求：

①文本文件格式为 PDF，必要时可存储为 DOC、DOCX 格式；

②图形文件格式为 PDF、TIFF，二维图形文件格式一般为 DWG、DXF 格式，三维图形文件格式一般为 STEP、IGES 格式，必要时也可存储为生成图形软件系统的文件格式；

③照片格式一般为 JPEG、BMP 或 TIFF 格式；

④视频文件格式为 AVI、MPEG；

⑤计算机程序按源程序格式要求。

（2）电子文件编制。状态鉴定电子文件的制作应满足以下要求：

①图形文件中 CAD 图形的幅面、格式应符合 GB/T 14689 的要求，其他

应符合行业图样管理制度或相关标准要求；

②照片幅面尺寸一般为 120 mm×90 mm、145 mm×95 mm 或 240 mm×180 mm，分辨率不小于 800 万（3264×2448）像素，TIFF 格式文件清晰度不应低于 300 dpi。照片应能反映装备全貌、主要侧视图、主要组成部分、主要工作状态（平时工作状态和战时状态等）、作战效能等；

③视频电子文件时间长度一般不超过 20 min；

④计算机程序一般按程序形成时间顺序排列。

5. 装备列装定型文件归档装订要求

装备列装定型文件归档装订应符合以下要求：

(1)技术文件和装备图样一般要分别装订；

(2)技术文件要分类装订成册，每册要有目录，厚度不应超过 25 mm；

(3)图样应装订成册，并编张号，每册厚度不应超过 50 mm；

(4)列装定型文件一般采取穿线装订，产品技术说明书、使用维护说明书等也可以按照图书装订；

(5)列装定型文件成册后应有硬质封面，不应用塑料和漆布面，封面为紫红色。

5.9 《装备在役考核文件编制指南》

1. 范围

本部分规定了装备在役考核文件编制的编制依据、原则和格式等。本部分适用于新研和改进改型装备在役考核文件的编制。引进装备、军选民用装备和应急采购装备等可参照执行。

2. 引用文件

下列文件中的有关条款通过引用而成为本部分的条款。凡注日期或版次的引用文件，其后的任何修改单（不包含勘误的内容）或修订版本都不适用于本部分，但提倡使用本部分的各方探讨使用其最新版本的可能性、凡未注日期或版次的引用文件，其最新版本适用于本部分。

GJB 0.1—2001《军用标准文件编制工作导则 第 1 部分：军用标准和指导

性技术文件编写规定》;

TE－ABA－001—2019《装备试验鉴定程序和要求》;

TE－ABA－004—2019《装备试验鉴定问题反馈与处理》;

TE－ABD－003—2019《装备在役考核文件编制指南 第2部分 在役考核大纲》;

TE－ABD－004—2019《装备在役考核文件编制指南 第3部分 在役考核报告》;

TE－ABD－005—2019《装备在役考核文件编制指南 第4部分 在役考核审查意见书》。

3. 编制依据与原则

1）编制依据

装备在役考核文件编制依据主要包括:

(1)装备试验鉴定有关法规、军事训练与考核大纲;

(2)TE－ABA－001－2019;

(3)研制总要求或研制任务书、研制合同;

(4)鉴定定型试验总案或在役考核方案;

(5)装备在役考核计划或任务批复;

(6)装备性能底数、效能底数、作战运用参考;

(7)其他依据性文件。

2）编制原则

装备在役考核文件编制原则主要包括:

(1)完整性。在役考核文件种类及内容应全面、完整。

(2)准确性。在役考核文件引用数据应全面、准确,使用的产品图样、照片、录像片等资料客观真实。

(3)协调性。在役考核文件结构、文体、术语、符号、代号等应统一,相关文件的内容及要求应相互呼应、协调一致,并可追溯。

(4)规范性。在役考核文件内容应符合国家和军队有关法律法规、规章制度和标准要求,文字简明、规范。

4. 编制内容

装备在役考核文件主要包括:在役考核大纲、装备试验鉴定(在役考核)问题反馈与处理意见书、在役考核报告、在役考核审查意见书。

1)在役考核大纲

在役考核大纲通常应按 TE－ABD－003－2019 编制,主要内容包括:

(1)任务依据;

(2)任务目的;

(3)参试装备系统与兵力;

(4)任务时间与区域;

(5)在役考核指标体系;

(6)在役考核内容与方式;

(7)数据采集与处理;

(8)在役考核评估要求;

(9)在役考核保障条件;

(10)组织与分工;

(11)风险管控与安全要求;

(12)有关问题说明;

(13)附件。

2)装备试验鉴定(在役考核)问题反馈与处理意见书

在役考核问题反馈与处理意见书通常应按 TE－ABA－004—2019 编制,主要内容包括:

(1)问题来源与编号;

(2)问题现象与发生过程;

(3)问题分类分级;

(4)问题定位与影响分析;

(5)问题处理意见建议;

(6)有关要求;

(7)其他。

3)在役考核报告

在役考核报告通常应按 TE－ABD－004—2019 编制,主要内容包括:

(1)任务概况;

(2)在役考核条件说明;

(3)在役考核过程；

(4)在役考核内容及结果；

(5)数据处理与分析评估；

(6)在役考核问题反馈及处理情况；

(7)在役考核结论；

(8)意见建议；

(9)附件。

4)在役考核审查意见书

在役考核审查意见书通常应按 TE－ABD－005—2019 编制，主要内容包括：

(1)审查工作简况；

(2)装备概述；

(3)在役考核目标与要求；

(4)在役考核情况；

(5)问题反馈及处理情况；

(6)审查意见；

(7)建议；

(8)附件。

5.编制要求

1)结构样式和内容要求

在役考核文件的结构样式和内容应符合以下要求：

(1)在役考核文件的编制结构样式见《装备在役考核文件编制指南》附录 A。内容一般包括：硬质封面(合订本)、封面、签署页、目次页、正文、附录和参考文献等部分。其中，正文和附录等的章、条、表格、图、公式、量、单位等的编写应符合 GJB 0.1—2001 中第 7 章的规定；目次的编排应符合 GJB 0.1—2001 中 6.2 的要求。

(2)在役考核文件幅面宜采用 A4(297 mm×210 mm)规格纸张，上下边距分别为 25 mm，左右边距分别为 30 mm。

(3)合订本的硬质封面结构样式见《装备在役考核文件编制指南》附录 B。内容应包括：在役考核文件、装备名称(全称)、共-册 第-册、试验部队(单位)全称等。

（4）单本的封面结构样式见《装备在役考核文件编制指南》附录 C。内容应包括：在役考核文件、文件名称（全称）、共–册 第–册、试验部队（单位）全称、密级、日期等。

（5）扉页结构样式见《装备在役考核文件编制指南》附录 D。内容应包括：在役考核文件、文件名称（全称）、共–册 第–册、试验部队（单位）全称、密级、日期等。

（6）签署页的结构样式见《装备在役考核文件编制指南》附录 E。内容应包括：文件名称（全称）、密级、签署页、编制、校对、审核、会签等栏目，并应注明日期。

（7）在役考核文件的内容等其他编制要求，应符合本指导性文件各部分的规定。

2）字号、字体与行间距

在役考核文件应符合以下要求：

（1）硬质封面、封面和签署页的字号与字体分别见《装备在役考核文件编制指南》附录 B、附录 C 和附录 E；

（2）前言、目次等字样用三号黑体，条文用小四号宋体；

（3）正文的条文用小四号宋体；

（4）正文文本行间距为 21 磅；

（5）正文的章、条编号和标题用小四号黑体；

（6）图的编号和图题用小五号黑体；

（7）表的编号和表题用小五号黑体；

（8）表中的文字和数字用小五号宋体；

（9）图注、图的脚注用小五号宋体；

（10）附录编号、规范性附录、资料性附录、参考文献、索引等字样用五号黑体。

3）标识与签署

在役考核文件的标识与签署等应符合以下要求：

（1）在役考核文件的封面应有"在役考核"标识；

（2）在役考核文件的签署程序、签署要求应当符合技术文件签署有关规定；

（3）在役考核文件除具有纸质文件外，还应按要求制作相应的电子文件。

6. 文件装订要求

装备在役考核文件的装订应符合以下要求：

（1）在役考核文件应分类装订成册，每册要应有目录，厚度不应超过25 mm；

（2）在役考核文件一般应采取穿线装订；

（3）在役考核文件成册后应有硬质封面，不应用塑料和漆布面。

参考文献

[1] 崔侃,王保顺. 美军装备试验与评估发展[J]. 国防科技,2012,33(2):17-22.

[2] 武小悦,刘琦. 装备试验与评价[M]. 北京:国防工业出版社,2008.

[3] 张成军. 试验设计与数据处理[M]. 北京:化学工业出版社,2009.

[4] 方开泰. 均匀设计与均匀设计表[M]. 北京:科学出版社,1994.

[5] 常显奇,程永生. 常规武器装备试验学[M]. 北京:国防工业出版社,2007.

[6] 刘星. 军事装备试验计量技术与管理[M]. 北京:国防工业出版社,2005.

[7] 柯宏发,陈永光,刘思峰. 电子装备试验数据的不确定性分析方法[J]. 应用基础与工程科学学报,2011(4):132-142.

[8] 柯宏发,陈永光,刘波. 电子装备试验方案的灰色优选模型及算法[J]. 电子学报,2005,33(6):995-998.

[9] 杨英科. 信息化作战与电子信息装备试验鉴定术语[M]. 北京:国防工业出版社,2011.

[10] 方开泰. 正交与均匀试验设计[M]. 北京:科学出版社,2001.

[11] 刘瑞江,张业旺,闻崇炜,等. 正交试验设计和分析方法研究[J]. 试验技术与管理,27(9):52-55.

[13] 郝拉娣,于化东. 正交试验设计表的使用分析[J]. 编辑学报,2005(5):334-335.

[14] 陈魁. 试验设计与分析[M]. 北京:清华大学出版社,2005.

[15] 金伟新. "串并联"模型框架与作战效能评估[J]. 系统工程与电子技术,2001,23(7):41-43.

[16] 高照良,王青. 基于ANP的地地导弹作战效能的智能决策[J]. 控制工程,2007(增刊2):27-29,61.

[17] 徐安德. 论武器系统作战效能的评定[J]. 系统工程与电子技术,1989 (8):17-23.

[18] 罗兴柏,刘国庆. 陆军武器系统作战效能分析[M]. 北京:国防工业出版社,2007.

[20] 杨春周,滕克难,程月波. 作战效能评估指标权重的确定[J]. 计算机仿真,2008,25(10):5-7,11.

[21] 岳韶华,周国安,王颖龙. 地面防空作战效能的模糊综合评价[J]. 系统工程与电子技术,2001(9):67-69.

[22] 付东,方程,王震雷. 作战能力与作战效能评估方法研究[J]. 军事运筹与系统工程,2006(4):35-39.

[23] 茆诗松,汤银才,王玲玲. 可靠性统计[M]. 北京:高等教育出版社,2008.

[24] 曹晋华. 可靠性数学引论[M]. 北京:科学出版社,1986.

[25] 陆廷孝,郑鹏州. 可靠性设计与分析[M]. 北京:国防工业出版社,2011.

[26] 周源泉,翁朝曦. 可靠性评定[M]. 北京:科学出版社,1990.

[27] 刘惟信. 机械可靠性设计[M]. 北京:清华大学出版社,1996.

[28] 高社生. 可靠性理论与工程应用[M]. 北京:国防工业出版社,2002.

[29] 苏秦. 质量管理与可靠性[M]. 北京:机械工业出版社,2006.

[30] 王超. 机械可靠性设计[J]. 辽宁机械,1981(4):18-24.

[31] E. A. 埃尔萨耶德,胡光华. 可靠性工程[J]. 国外科技新书评介,2013 (4):19.

[32] 甘茂治. 维修性设计与验证[M]. 北京:国防工业出版社,1995.

[33] 杨为民. 可靠性维修性保障性总论[M]. 北京:国防工业出版社,1995.

[34] 陈璐,蔡建国. 可维修性设计及其技术方法研究[J]. 机械设计与研究,2002(2):13-16.

[35] 孙护国,霍武军. 航空发动机的维修性设计[J]. 航空科学技术,2001 (5):27-29.

[36] 曾天翔. 可靠性及维修性工程手册(上册)[M]. 北京:国防工业出版社,1995.

[37] 章国栋. 系统可靠性与维修性的分析与设计[M]. 北京:北京航空航天大

学出版社,1990.

[38] 杨宇航,冯允成. 复杂可修系统可靠性维修性综合仿真研究[J]. 系统仿真学报,2002,14(8):978-982,986.

[39] 王凯. 武器装备作战试验[M]. 北京:国防工业出版社,2012.

[40] 罗小明,池建军,周跃. 装备作战试验概念设计框架[J]. 装甲兵工程学院学报,2012,26(4):5-10.

[41] 曹裕华,周雯雯,高化猛. 武器装备作战试验内容设计研究[J]. 装备学院学报,2014(4):112-117.

[42] 龙建国. 作战试验设计原理与方法探析[J]. 军事运筹与系统工程,2003,(4):2-7.

[43] 罗小明,朱延雷,何榕. 基于复杂适应系统的装备作战试验体系贡献度评估[J]. 装甲兵工程学院学报,2015(2):1-6.

[44] 吴溪,穆歌,李大勇,等. 武器装备作战试验设计原理[J]. 四川兵工学报,2019,40(1):24-27.

[45] 孙鹏,朱浩洋,赵勇,等. 装备作战试验评估指标体系构建研究[J]. 现代防御技术,2020(6):112-117,124.

[46] 蒋平,程志君,王博,等. 无人集群作战试验设计框架初探[J]. 航空兵器,2020,27(6):30-35.

[47] 杨军,武小悦,马溧梅. 可靠性试验评定中专家信息融合[J]. 航空计算技术,2007(5):18-21.

[48] 张杰,唐宏,苏凯. 效能评估方法研究[M]. 北京:国防工业出版社,2009.

[49] 万自明,廖良才,陈英武. 武器系统效能评估模式研究[J]. 系统工程与电子技术,2000,22(3):1-3.

[50] 张克,刘永才,关世义. 关于导弹武器系统作战效能评估问题的探讨[J]. 宇航学报,2002,23(2):58-66.

[51] 李冬,李国林,林旭,等. 基于网格计算的导弹武器系统效能评估研究[J]. 计算机工程与应用,2006(1):33-35.

[52] 唐宏,陈少卿. 指挥控制系统的效能评估[J]. 系统仿真学报,2001(增刊2):392-394.

［53］吕艳辉，赵林. 武器系统效能评估方法研究［J］. 辽宁工程技术大学学报：自然科学版，2005(4)：605－607.

［54］牛作成，吴德伟，雷磊. 军事装备效能评估方法探究［J］. 电光与控制，2006(5)：98－101.

［55］穆富岭，武昌，吴德伟. 维修保障系统效能评估中的变权综合法初探［J］. 系统工程与电子技术，2003(6)：693－696.